불안코칭

영화로 읽는 불안과 시네마 코칭

영화로 읽는 불안과 시네마 코칭

불안코칭

이신애 앤디황 지음

Anxiety Coach

MOVIE

드림북

목차 Contents

프롤로그

불안은 인간의 숙명일까? 누구나 불안에서 자유롭지 않을 것이다. 한동안 예민하고 불안도가 높은 사람들을 지켜보며 내 안의 불안을 들여다보는 시간들을 보내다 보니 온 세상이 불안해 보였다. 그래도 영화는 우리의 불안을 이해하고 공감하는 듯 희망을 얘기하고 있었고 영화를 보며 불안을 견디는 마음의 근육을 키운 것 같다. 이 책에 소개하는 영화들은 불안의 여러 얼굴을 보여주고 있다. 그 얼굴들 속에서 우리는 누구나 심하지 않아도 불안을 안고 살아간다는 사실을 깨달을 수 있을 것이다. 이 책은 누구에게나 있는 일상의 불안에 대한 시네마 코칭이다. 사실 불안이라는 단어는 너무 일반적이고 스펙트럼이 넓어서 불안장애를 가진 사람들의 힘겨움의 무게가 별로 느껴지지 않을 수도 있다. 지금은 불안에 대한 책이 넘쳐 난다. 그만큼 사람들에게 불안이 만연하다는 뜻일 것이다.

이 책은 영화를 통해 사람의 심리를 이해하면서 불안을 다루어 보기 위한 것이다. 영화 속 등장 인물들이 표현하는 불안의 모습이 공감이 되는 사람도 있을 것이고 거부감이 드는 사람도 있을 것 같다. 동시에 우리는 현재 불안한 시대에 불안한 사회 속에 살고 있음을 누구도 부인할 수 없을 것이다. 영화는 직면하기 어려운 불안의 얼굴을 간접적으로 경험하도록 완충작용을 하기 때문에 보다 안전하게 느껴진다. 여기 소개한 8편의 영화를 통해 조금은 편안하게 자신의 불안과 가까운 이들의 불안을 마주할 수 있을 것이라고 생각한다. 책을 읽고, 영화를 보고, 워크북 형식으로 수록한 3가지 시네마 코칭 접근법을 자신에게 적용해 보길 바란다. 코칭은 변화를 꿈꾸는 사람들을 위한 것이다. 답을 생각하고 적어보면서 셀프코칭을 할 수 있도록 되도록 많은 질문을 수록하였다. 질문들이 독자들의 생각과 감정, 기억과 희망, 의지와 실천력을 적절히 촉진할 수 있기를 간절히 바란다.

영화는 다음과 같이 3부로 나누었다. 1부에서는 근래 들어 증가하는 공황장애를 소재로 한 영화를 소개한다. 2부에서는 선택적 함구증과 사회불안장애를 다룬 영화를 보고 3부에서는 청결에 집착하는 결벽증과 말과 행동을 제어할 수 없는 강박장애를 다룬다. 모두 불안장애의 일종이고 배우들의 훌륭한 연기로 관객이 간접적으로나마 공감하고 이해할 수 있는 영화적 시선을 담고 있다.

공황장애를 보여주는 1부는 〈파인딩 포레스터〉와 〈애널라이즈 디스〉 이렇게 두 영화를 담았다. 〈파인딩 포레스터〉에서 공황 발작을 보여주는 장면은 적은 부분 등장하지만 주인공이 왜 은둔하며 사는지 이해할 수 있게 해준다. 〈애널라이즈 디스〉는 코미디 영화답게 과장된 표현도 볼 수 있지만 공황을 이해하는 데 방해가 될 정도는 아니다. 오히려 강한 남자의 상징인 마피아 보스도 무너뜨리는 공황을 잘 묘사하여 이해를 돕는다. 우리 사회에서 활발히 활동하다가 공황장애로 인해 갑자기 화면에서 사라지는 연예인들이 있는데 보통은 그들의 이야기를 들을 수 없기 때문에 그 속사정을 알 수는 없다. 또 그들의 사생활을 보호해 주는 것이 매너이기 때문에 궁금하지만 잘 모르는 채로 지내다 보니 공황장애가 연예인병이라는 오해도 있었다. 실제 공황으로 인해 힘든 사람들의 고통을 일반 사람들은 잘 모를 수 밖에 없다. 영화에서는 그 사람의 상황과 배경을 잘 보여주기 때문에 사람들이 경험하지 않아도 공감할 수 있게 해준다. 만약 영화의 거리감 때문에 공감이 잘 안된다면 자신의 감수성을 높여야 한다. 우리는 모든 것을 직접 경험할 수 없기 때문이다.

  불안과 공포를 다루는 2부에서 3장〈마음이 외치고 싶어해〉는 선택적 함구증을 가진 한 소녀를 통해 말의 중요성을 잘 보여준다. 말 한마디의 위엄과 영향력, 말로 상처받은 아이의 마음을 정말 잘 묘사한 영화다. 실사 영화도 괜찮은데 개인적으로는 애니메이션이 장르의 특성상 더 표현력이 풍부한 것 같다. 그러나 워낙 원작이 좋아서 애니메이션을 선호하지 않는다면 실사 영화도 자신 있게 권할 수 있다. 4장과 5장은 사회불안장애를 다루는데 묘하게도 왕과 여왕이 주인공이다.

4장 〈킹스 스피치〉는 코치들에게 적극 추천한다. 교과서 같은 코칭의 모범을 보여주고 있어서 다른 장들과 달리 사회불안장애를 가진 주인공 버티의 변화보다 그를 치료한 라이오넬의 코칭에 초점을 두고 기술하였다. 5장 〈겨울왕국〉은 동화 같은 이야기지만 감정을 다루는데 좋은 예가 되고 인기가 높았던 작품이라서 선택했다. 현실성은 조금 부족하다는 점을 감안하더라도 충분히 사람들의 마음을 건드리는 부분이 있기 때문이다.

3부에서는 강박장애를 다룬다. 결벽증과 인지 왜곡을 묘사한 영화 3편을 골랐는데 전부 희망을 그리고 있다. 6장 〈플랜맨〉은 트라우마로 인해 자신을 알람과 계획에 가둔 남자의 이야기인데 어둡게 묘사하지 않아서 접근성이 괜찮은 한국 영화다. 한국 영화를 더 많이 넣고 싶었으나 아직 한국에서는 흔치 않은 소재라서인지 〈플랜맨〉 하나만 들어가게 되었다. 익숙한 언어와 문화를 배경으로 그려지는데 다만 영화에 묘사되는 그룹상담은 좀 익숙한 느낌이 아닐 수 있다. 영화는 영화일 뿐, 실제 그룹상담이 그럴 것이라고 오해하지 않길 바란다. 상담과 코칭의 초점은 '사람'이라는 점에서 같다. 상담이든 코칭이든 중요한 것은 고객이다. 한 사람이 학교에 가면 학생이고, 회사에 가면 직장인이고, 교회에 가면 성도이며, 병원에 가면 환자가 된다. 다른 사람이 아니라는 뜻이다. 사람을 통합적으로 이해하고 교육과 상담과 코칭이 이루어져야 한다. 그런 통합적 이해를 바탕으로 사람을 바라보고 상담, 치료, 코칭의 용어와 경계를 불편하게 느끼지 않기를 바란다.

7장 〈강박이 똑똑〉은 최신 영화로 넷플릭스에서 볼 수 있다. 스페인 영화라서 언어에서 느껴지는 느낌이 색다르다. 각자 다른 강박증을 가진 6명이 모여서 일어나는 역동이 재미와 감동을 선사해준다. 영화 속에서 색깔로 자기를 표현하는 내용이 있는데 이는 색채 심리학을 알면 더 의미 있게 볼 수 있다. 내가 알고 있는 색깔이 내가 보는 색깔의 범주를 정한다. 색깔에 대한 나의 선입견, 지식이 내가 색깔을 볼 때 실제 인식을 좌우한다. 색깔은 감정과 기분에 긴밀히 연결된다. 그래서 7장 마음코칭 3-연상적 접근법에서 영화 속 상징과 은유는 다른 장과 달리 각 인물들의 색깔을 다루었다.

8장 〈에비에이터〉는 미국의 대부호였던 실존 인물 하워드 휴즈의 일생을 그린 전기 영화다. 3시간에 육박하는 긴 영화지만 한 사람의 인생을 다 담기엔 당연히 역부족이다. 잘 집약된 그의 인생에서 그 인물을 이해하기 위한 관점으로 선택된 불안이 잘 묘사되었다. 비극적인 삶을 살았다고 알려졌으나 그럼에도 불구하고 불안장애를 갖고도 놀랍도록 열정적으로 꿈을 이루는 모습에 초점을 두고 보면 희망적이다.

4부는 영화 너머 우리 일상의 불안을 다루는 방법을 소개하고자 8장에 이 책에 나온 영화 속 불안 증상들과 진단에 대해 간략히 정리했고, 9장에서 불안한 심리에 대한 상담과 코칭적 접근들을 소개한다. 각 장 끝에 있는 워크북 페이지에 실은 접근법들에 대해 상세히 설명하려 했다.

불안은 방치하면 병이 되고 우울증과 다른 불안장애를 동반하게 되기도 한다. 누구나 불안을 느끼는데 그 불안을 어떻게 다루는지 우리는 배우지 못했다. 사람들은 다 똑같다는 말도 위로가 되지 않는다. 「불안 코칭」은 병이 되기 전에 우리 일상의 불안을 다스리는 예방 백신과 같다. 영화라는 거울을 통해 불안을 이해하고 시네마 코칭으로 자기 마음을 다스려 보자. 영화는 해피엔딩으로 끝나더라도 우리의 삶은 그 너머에 있다. 삶은 언제나 현재진행형이고 우리는 내일을 알 수 없기 때문에 불안을 떨칠 수 없는 것이다. 그저 날마다 감정과 생각을 인지하고 자신을 용납하고 건강한 마음의 근육을 키우면 긍정의 에너지로 충만하고 행복한 나 자신이 되어 내 주변도 환해지고 사회도 밝아지지 않을까?

※각 장에는 전문코치나 코칭 경험이 있는 일반인 독자들이 활용할 수 있도록 '마음 코칭' 페이지에 코칭 워크북을 제공합니다. 그룹 코칭이나 1:1 시네마 코칭, 셀프 코칭으로 활용하는 것을 권합니다. 전문가들이 참고할 수 있는 이론으로는 필자들의 역서 [영화, 심리학과 라이프 코칭의 거울](메리 뱅크스 그레거슨 편저, 2020)을 추가자료로 추천합니다.

※불안장애 관련 영화 자료와 이론적 근거는 비르기트 볼츠Birgit Wolz의 DSM(Diagnosis Seen in Movies)에 기술된 내용을 참고하고, 바이오스코프 LLC 산하 연구소 프라이밍코칭랩에서 연구하여 정리하였습니다.

1부 공황의 습격 :
공황장애에 대한 영화적 시선

1장 세상에서 숨어버린 천재 작가
<파인딩 포레스터 Finding Forrester>

개요: 드라마 | 미국 | 133분 | 2000

감독: 구스 반 산트 Gus Van Sant

출연: 숀 코네리 Sean Connery (윌리엄 포레스터 역), 롭 브라운 Rob Brown (자말 월레스 역)

등급: 12세 관람가

　뉴욕New York 브롱스Bronx에 살면서 동네 친구들과 농구를 즐기는 흑인소년 자말Jamal은 책을 사랑하며 혼자 있을 때 틈틈이 떠오르는 영감으로 글쓰기를 즐기는 문학소년이다. 친구들과 어울려 농구를 하는 동네 농구코트 옆 아파트 꼭대기층에 사는 사람에 대한 미스터리한 소문으로 자꾸 눈길이 간다. 사람들 앞에 모습을 드러낸 적이 없는 그 사람에게 가끔 우편물과 식료품을 갖다 주는 사람이 종종 차를 몰고 온다. 창문 가에 비치는 그림자, 망원경으로 그들을 내려다보는 그를 아이들은 '창문'씨라 부르는데, 서로 겁을 주며 장난삼아 올라가 보라고 부추긴다. 약한 모습을 보이기 싫었던 것인지 자기가 올라가겠다고 허세를 부리던 자말은 어느날 밤 친구들과 몰려가 혼자 그의 아파트에 들어가게 된다.

책으로 그득찬 어둡고 적막한 공간, 싸인이 있는 야구공들과 오래된 사진들, 크고 작은 사이즈의 텔레비전들을 둘러보고, 책을 꺼내 보기도 하던 자말은 갑자기 나타난 그림자에 깜짝 놀라서 가방을 놔둔 채로 줄행랑을 친다. 다음날 가방을 찾으러 가지도 못하고 그 집 주위에서 농구를 하며 무심한 듯 창문을 주시하던 자말은 창문에 자기 가방이 걸려 있는 것을 본다. 식료품을 들고 온 남자와 얘기를 나누다 돌아서는데 자말의 등 뒤로 가방이 떨어진다. 가방을 돌려받아 안을 열어보니 가방 안에 있던 자말의 습작노트에 빨간색 펜으로 꼼꼼한 피드백이 써 있다. 노트를 들고 다시 그 집으로 가서 문을 두드리고 작은 창으로 방문자를 확인하는 그에게 장난삼아 들어왔던 거라고 변명을 하고, 자기 글을 봐 달라고 요청한다. 화를 내며 내 집에 접근하지 말아야 하는 이유를 5000단어로 써오는 건 어떠냐고 하는 남자. 자말은 진짜로 글을 써 들고 다시 찾아가지만 문을 열어주지도 않자 글을 문 앞에 떨어뜨리고 돌아간다.

자말의 시험 결과에 관심을 가진 교사가 자말의 어머니를 불러 상담을 한다. 이 학교는 자말에게 맞지 않다며 사립학교에 이미 자말에 대한 자료를 보여주어 스카우트 제의를 하러 온 브래들리를 소개한다. 워낙 유명한 사립학교라 그 이름은 익히 들어 알고 있지만 비싼 학비를 감당할 수 없다고 하자 브래들리는 걱정 말라며 농구도 잘하고 독서 수준도 높은 자말에게 장학금을 제안한다. 학교를 견학하러 오라고 하며 자말과 어머니에게 인사하고 떠나는 모습을 위에서 그가 지켜 보고 있었다.

자말은 다시 그를 찾아가지만 문을 두드리지 못하고 문 앞 계단에 앉아 글을 쓴다. 그 때 확인창을 열고 그가 내다보며 인사하던 사람 이 누구였는지, 무슨 이야기를 했는지 묻는다. 지난 번에 쓴 글을 돌려 주면 얘기해주겠다고 하자 그는 문을 열어 준다. 처음으로 제대로 얼 굴을 보게 되고 이런 저런 대화를 나누며 티격태격하기도 하는 등 분명 관심을 보이는 그와 차츰 가까워지며 사립학교로 전학도 간다. 처음 학교 안내를 해주던 여학생 클레어Claire에게 호감을 느끼며 적응하려 애쓰는 가난한 흑인 남학생 자말은 농구부의 텃세와 문학 선생 크로포 드의 편견을 마주하고 기분 나빠한다.

문학 수업 시간에 50년 전 전설적인 데뷔소설을 발표한 후 모습을 감 춰버린 작가 윌리엄 포레스터William Forrester에 대해 설명을 듣고 난 후, 클레어는 자말에게 그의 소설 [아발론 착륙] 초판을 아빠가 사주셨다 며 보여주는데 책 표지 안쪽에 있는 작가의 사진은 놀랍게도 '창문'씨가 아닌가! 그렇게 그의 정체를 알게 되고, 그를 찾아가 그의 책을 내놓으 며 그의 반응을 살핀다. 자기에 대해서 아무에게도 얘기하지 않기로 약 속 받고 윌리엄은 그의 습작을 돕는다.

그렇게 자말은 윌리엄에게 글쓰기를 배운다. 글을 쓸 때는 가슴으로 쓰고 다 쓴 후에 머리로 검토하라며 생각하지 말고 그냥 타이프를 치라고 한다. 시작하기를 어려워하는 자말에게 60년대 자신이 썼던 원고를 건네주며 일단 필사를 하다가 자기 글이 떠오르기 시작하면 이어서 쓰라고 한다. 점점 속도가 붙는 자말의 타이핑 소리를 들으며 격려하던 윌리엄은 밤 늦게 글을 완성하는 자말의 등 뒤에서 소파에 앉은 채 잠이 들곤 한다. 자말에게 그곳에서 쓴 글은 모두 놓고 가라고 하자 자말은 원고를 두고 늦은 밤 집으로 향한다.

예기치 못한 몇몇가지 일들로 자말의 학교 생활은 녹록치 않다. 농구부 라이벌과의 신경전, 클레어와 조금 가까워지려는 순간을 주시하는 클레어의 아버지, 일취월장하는 자말의 글솜씨를 의심하는 크로포드 선생 등 권위적인 분위기의 사립학교 생활은 즐거움보다는 장벽으로 다가온다.

윌리엄의 생일날, 자말은 특별한 이벤트를 준비하고, 윌리엄은 50년 만에 첫 외출을 하게 된다. 긴장된 모습으로 겨우 발걸음을 내딛으며 밖으로 나온 윌리엄은 농구장의 수많은 인파 속에서 점점 답답함을 느끼게 되고, 프로그램을 가져오겠다던 자말의 얘기를 듣지 못하고 인파에 떠밀려 자말과 멀어지게 된다. 자말이 옆에 없음을 깨닫는 순간 공황발작이 일어나 사람들을 피해 어느 구석에 가서 쓰러지듯 누워 눈을 감고 터질 듯한 심장 소리를 들으며 발작을 견딘다. 윌리엄을 부르며 찾아 헤매던 자말이 다행히 그를 발견하고 어느덧 숨을 고르게 된 윌리엄을 데리고 나온다. 돌아가는 길에 자말은 한 군데 더 들를 곳이 있다며 거긴 조용하고 집에 가는 길에 있다고 안심시킨다. 자말이 윌리엄을 데리고 간 곳은 윌리엄이 젊은 시절 동생과 자주 가던 야구장이다. 그곳에서 일하던 자말의 형에게 부탁해 10분간 아무도 없는 빈 야구장에 둘만 들어가 불을 환하게 밝히고 얘기를 나눈다. 윌리엄은 왜 자기를 이곳으로 데려왔냐고 묻는다. 자말이 "오늘 윌리엄 생일이니까요"라고 하자 윌리엄은 아무에게도 얘기하지 않았던, 그가 은둔하게 된 이유를 들려준다. 함께 야구장에 다니며 어린 시절을 함께한 동생이 전쟁에 징집되었다 돌아온 뒤 트라우마로 인해 우울해하고 술만 마셨다. 윌리엄은 동생의 마음이 회복되도록 돕겠다고 부모님께 약속했으나 어느날 함께 술을 마신 뒤 음주운전으로 인한 교통사고로 동생을 잃는다. 동생의 시신이 차갑게 식어가는 병원에서 간호사는 윌리엄의 책에 대한 찬사만 늘어놓는다. 그후 5개월 동안 차례로 부모님까지 돌아가시고 온 가족을 잃은 슬픔에 빠진 윌리엄은 절필을 하고 만다. 이후 그는 아파트에서 외출도 하지 않고 시간이 가는 줄도 모른 채 혼자만의 삶을 살아온 것이었다. 집에 도착한 윌리엄은 오늘이 생애 최고의 날이었다며 자말에게 고마워한다.

학교에서 크로포드 선생은 전학 온 후 급속도로 향상된 자말의 글솜씨를 의심한다. 자말의 배경과 그가 받은 교육을 생각하면 이렇게 수준이 높을 수가 없다는 생각에 자말을 불러 작문 대회를 위해 자기 사무실에 와서 정해진 시간에 글을 쓰라고 요구한다. 화가 난 자말이 윌리엄에게 그 이야기를 하면서 한 줄도 쓰지 않겠노라고 말하자, 윌리엄은 자말에게 크로포드 선생에 대한 이야기를 해준다. 실제로 한 줄도 글을 쓰지 않는 자말에게 크로포드 선생은 "자료가 가까이 없으면 흥미로운 일이 벌어지지.."라며 비아냥거린다. 또 수업 시간에 다른 남학생 콜리지에게 권위적인 태도로 질문하는 크로포드 선생의 모습을 견딜 수 없었던 자말은 정답을 말하고 그가 인용하는 모든 구절의 작가 이름을 대며 대들다 교실에서 쫓겨난다. 그리고 자신의 실력을 증명하고 싶었던 자말은 작문대회에 윌리엄의 집에서 썼던 글을 갖다 제출한 후 호출을 받는다.

크로포드 선생과 교사진들이 올바른 인용의 중요성을 언급하며 자말이 직접 쓴 글인지 묻는다. 자말이 제출한 글은 매우 잘 쓴 독창적인 글이지만 제목과 첫 문단이 문제가 된다며 60년대 출판된 윌리엄 포레스터의 칼럼을 보여주면서 해명을 요구한다. 같은 제목의 그 글이 출판된 글인 줄 몰랐던 자말은 그제서야 문제를 알게 됐지만 작가의 허락을 얻었냐는 질문에 아무 말도 할 수 없었다. 윌리엄에 대해 아무에게도 얘기하지 않기로 한 약속까지 깰 수는 없었던 자말은 굳게 입을 다물고, 크로포드는 반성문을 써서 낭독회에서 학생들 앞에서 읽으라고 한다. 그렇지 않으면 장학금도 재고하고 근신 처분을 받게 될 것이라고 냉정하게 말한다.

윌리엄에게 왜 출판했던 글이라고 얘기하지 않았냐고 묻는 자말, 이

안에서 쓴 글은 이 안에 놓고 가기로 한 약속을 깬 자말을 나무라며 윌리엄은 반성문을 쓰라고 하지만 자말은 말을 해 줬으면 아무 문제도 없었을 것이라며 도와달라고 한다. 그러나 나서지 않으려는 윌리엄은 용기가 없다고 화를 내는 자말에게 자신을 옹호해 보지만 그의 반박에 할 말을 잃는다. 근신 처분 전 주말 경기에서 자말은 시합을 이기면 모든 것은 덮고 다음부턴 학업계획을 느슨하게 짜주겠다는 제안을 받았으나, 게임 막판에 상대편이 역전하고 마지막 자유투 두 번의 기회마저 자말은 실패하고 만다. 고개를 떨구는 자말의 모습을 텔레비전 중계로 보던 윌리엄은 생각이 많아진다. 집에 돌아와 잠든 자말을 본 형은 책상 위에 윌리엄에게 쓴 자말의 편지를 발견하고 다음 날 아침 윌리엄에게 갖다 준다. 윌리엄이 자말의 안부를 묻자 형은 착한 자말이 안타까운 듯 윌리엄에게 화를 낸다. 사람들을 늘 잘해주다가 중요한 순간에 모든 것을 빼앗아버린다며 이제 희망을 잃게 된 자말을 안타까워하는 속내를 비친다. 윌리엄은 그날 저녁 뭔가를 결심한 듯 창문을 닦고 자전거를 손질한 뒤 나가서 밤바람을 맞으며 동네를 한 바퀴 달린다.

작문대회 우수작품 낭독회를 하는 날, 자말은 가장 일찍 강당에 도착한다. 클레어가 들어와 자말의 옆에 앉은 후 학생들이 하나 둘씩 모여 든다. 낭독회가 진행되는 가운데 윌리엄이 나타나 글을 하나 읽어도 되겠냐고 한다. 윌리엄을 알아본 크로포드 선생은 웃으면서 그를 단상으로 안내한다. 윌리엄은 자기 소개를 하고 웅성거리는 사람들 앞에서 글을 읽기 시작한다. 집중해서 빠져들 듯이 듣는 사람들의 눈과 귀는 모두 그에게 향해 있다. 윌리엄은 글을 다 읽은 뒤 자신이 친구의 소중함을 느꼈다는 말을 남기고 내려간다. 크로포드는 그의 방문에 감사를 표하며 어떻게 보답할 수 있겠냐고 묻는다. 윌리엄은 자신이 읽은 글은 자신의 친구인 자말 월리스의 글이라는 것을 밝히며 자신이 자말의 습작을 도왔다는 것과 자말이 누구에게도 윌리엄 얘기를 하지 않기로 한 약속을 어기지 않고 신의를 지킨 성실한 학생이라는 것을 덧붙여 말한다. 크로포드는 질투심에 자말에 대한 처분은 바뀌지 않을 것이라고 하지만 다른 교사가 그를 저지하며 자말의 성실을 높이 평가하고 모든 처벌을 풀어주었다. 비로소 밝아진 자말은 사람들의 박수를 받으며 자리를 뜬다. 윌리엄과 밖으로 나가면서 마음이 풀린 자말은 이제 고향 스코틀랜드에 가 보겠다는 결심을 밝히는 윌리엄에게 농담도 하며 마음을 나눈다.

한결 편안한 모습으로 어느덧 고3이 된 자말에게 학교로 변호사가 찾아온다. 얼마전까지도 대학교 모집요강을 보내던 윌리엄이 암으로 사망했다는 사실을 전하며 그가 자말에게 남긴 유품을 전달한다. 그것은 윌리엄이 살던 아파트 열쇠와 편지, 그리고 자말의 서문을 더해 출판할 그의 두 번째 저서 원고였다. 자말은 엄마와 형을 데리고 그의 아파트로 들어가 오래전 윌리엄처럼 창문을 닦고 밖을 내다본다. 친구들과 늘 농구를 하던 동네 농구코트가 보인다. 여기서 그는 하늘과 새,

오고가는 사람들과 농구를 하는 자말의 모습을 지켜봤으리라. 그리고 혼자 농구코트에 가서 윌리엄의 마지막 편지를 꺼내 읽는다. 그리고 나서 자말은 예전처럼 친구와 농구를 한다. 윌리엄이 매일 창문을 닦듯이….

윌리엄의 불안에 영향을 미친 요인

하나, 뉴욕으로 이주한 젊은 윌리엄이 가장 의지할 수 있는 존재인 가족을 5개월 사이에 모두 잃자 그의 안정감은 급속도로 무너졌고 모든 것을 함께 한 동생의 죽음으로 인한 상실감으로 그는 은둔하게 된다.

둘, 동생의 죽음으로 인한 충격과 술을 마신 동생을 그대로 운전하고 가도록 내버려둔 자신에 대한 자책이 컸을 것이다. 어쩌면 동생의 죽음 이후 연이어 돌아가신 부모님에 대해서도 그러한 죄책감을 안고 있었을 수도 있다. 자말에게 가족이나 자기가 더 이상 책을 안 쓰는 이유에 대해 묻지 않는다면 글을 봐주겠다는 조건을 붙인 것으로 미루어 알 수 있다. 그에게는 남에게 절대로 말하고 싶지 않은 아픔과 자책이라고 볼 수 있다.

셋, 가족을 모두 잃은 후 늘 혼자 살아온 윌리엄은 흔한 외로움보다 더 깊은 고독, 즉 세상에 혼자 남겨진 기분을 느꼈을 것이다. 사람에 대한 기대도 없고 사람으로부터 오는 따뜻함이라고는 한 오라기도 없는 깊은 고독이었을 것이다.

넷, 옆방에서 동생이 시신이 식어가고 있는데 간호사가 보내는 자기 책에 대한 찬사는 불편함 이상이었을 것이다. 사람들은 그의 아픔을 헤아리지 않고 그의 글로만 그를 평가한다. 윌리엄은 사람들을 위해 그 책을 쓴 게 아니었다고 한다. 비평가들이 그의 감정이나 생각과 의도를 모르는 채 그의 책에 대해 비평하는 소리가 그로 하여금 절필을 하고 세상에 자기 글을 내놓지 않게 만들었다. 그 아픔으로 외연과 심연의 골이 깊어지며 그는 작가의 페르소나를 깊이 숨겨 세상으로부터 작가 윌리엄 포레스터는 모습을 감춘다.

윌리엄의 불안 증상

1. 사람들이 많은 곳에서 전형적인 공황발작 증세를 보인다. 가슴이 답답해지며 숨을 쉬기가 어렵고 심장 소리가 다른 소리를 압도할 정도로 크게 들리며 터질 듯이 뛴다.

2. 밖으로 나가지 않고 50년간 집 안에서 은둔하는데 시간의 흐름을 자각하지 못한다. 거의 언제나 집 안을 어둡게 하고 지내며 환할 때는 커튼을 드리워서 빛을 차단한다. 낮에 밖에 나가길 두려워한다. 오로지 창 밖 난간에 걸터 앉아 창문을 닦을 때가 유일하게 밖에 나가는 시간이다. 자말이 그의 생일에 농구장에 데려갈 때도 밖이 환한지 묻고 밤이라고 하자 나서는데 선글라스를 끼고 나간다.

3. 가족들의 죽음으로 인해 삶과 죽음에 대한 근원적인 의문을 안고

살아간다. 이해되지 않고 설명되지 않는 영적인 영역에 대한 의문으로 혼란스러운데 이는 자기가 통제할 수 없는 상황이기 때문에 불안을 느끼게 되고 그로 인해 자기 생활을 극도로 통제하게 된다. 외출을 하지 않는 생활, 정돈된 캐비닛 안의 연도별로 정리된 습작 파일들과 새들을 촬영한 캠코더 필름들, 책꽂이의 책은 늘 가지런히 정렬되어 있어야 하고 양말은 항상 뒤집어 신으며 날마다 창문을 깨끗이 닦는 등 강박적인 생활태도를 갖고 살아간다.

윌리엄의 변화 과정

윌리엄과 자말의 관계는 윌리엄이 오랜 상처를 치유하고 세상 밖으로 나오는데 가장 중요한 핵심 열쇠가 된다. 두 사람은 친구이자 스승과 제자이며 멘토와 멘티였다. 나이차로 인한 서열과 위계를 중시하는 한국에서는 잘 볼 수 없는 모습이다. 그러나 진정한 친구는 모든 조건을 뛰어넘는다. 동등한 수평관계가 된다면 나이가 어려도 배울 점이 있고 서로 존중하며 우정을 나눌 수 있다.

윌리엄은 자말에게 자신의 유산을 남기고 간다. 그러나 진정한 유산은 윌리엄의 가르침이다. 자말의 재능이 꽃 필수 있도록 윌리엄은 중요한 가르침과 조언을 주었다. 칭찬할 때와 나무랄 때가 있었고 가슴으로 초안을 쓰고 머리로 고쳐쓰는 법을 가르쳐 주었다. 수평적인 관계를 맺고 나이와 상관없이 상대를 존중하고 세상을 관조하는 윌리엄의 가르침은 영화의 경계를 넘어 누구에게나 교훈적이다. 자기를 수련하듯 날마다 창문을 닦으며 불안에 매몰되지 않고 빛나는 작가로서의 재능과 지혜를 자말에게 물려준다. 고립된 생활을 했지만 자말이 다가왔을 때 그는 마음을 열어 친구가 되었고 자신의 지혜를 나눠주었다. 마지막 편지에 쓴 겸손한 고백은 그의 품성이 성숙하고 어른스러웠음을 보여준다.

두 사람의 만남은 단순한 개인과 개인의 만남이 아니라 두 개의 커다란 세계가 만나는 것이다. 따라서 두 사람의 세계는 서로에게 영향을 주어 변화를 가져온다. 윌리엄의 변화 과정을 세 가지 키워드로 정리해 보면 다음과 같다.

1. 대화

윌리엄은 50년만에 친구가 생겼다. 가까운 가족이자 가장 친한 친구였던 동생을 잃고 난 뒤 짧은 기간에 부모님까지 떠나보낸 윌리엄은 오랜 기간 생활에 필요한 물품을 갖다주는 도우미 외에는 혼자서 생활한다. 당연히 대화를 나눌 친구가 없었고 3대의 TV를 통해 세상의 소식을 들으며 망원경으로 바깥 세상을 관찰하는 일상을 살아왔다. 소식은 들을 수 있지만 자기 생각과 마음을 얘기해 본적은 없는 것이다. 아무도 읽지 않는 글을 써서 캐비닛 속에 잘 정리해둘 뿐 사람과의 소통이 없었던 그에게 뜻하지 않게 찾아온 자말은 이런 저런 얘기를 들려주고 윌리엄의 일상과 생각을 묻기도 하며 대화를 한다. 자말과의 대화는 그의 생각을 촉진시켰고 사람과의 진짜 소통을 열어주었다.

2. '지금-여기'에 머무르며 관점 전환

자기 생일인지도 몰랐던 윌리엄을 옛날에 동생과 자주 가던 야구장에 데려간 자말 덕분에 윌리엄은 처음으로 자기 얘기를 입밖으로 꺼내게 된다. 집 안에만 있을 땐 계기가 없었지만 동생과 자주 가던 장소는 그에게 과거를 직면시켜 주었고 상처를 꺼내 얘기를 하며 자신이 절필과 은둔을 하게 된 일련의 상황을 스스로 나누게 된 것이다. 자말이 억지로 유도한 것은 아니지만 그 장소에 있는 것만으로도 윌리엄에게는 코칭 상황처럼 '지금-여기'에서 과거의 상처를 찬찬히 되짚어 보는 고백을 이끌어냈다고 볼 수 있다. 같은 장소이지만 다른 상황은 관점의 전환을 가져온다. 함께 온 사람이 다르고 관객석이 아니라 선수들만 서는 그라운드에 서서 관객석을 바라본다. 관객이 없는 조용한 밤의 야구장은 같은 장소를 다르게 인식할 수 있게 해주었을 것이다. 현재를 인식하고 과거를 보면 '지금-여기'에 머무를 수 있게 된다. 그리고 이것이 변화를 가져온다.

3. 현실감을 되찾고 결단력 있게 나서서 자말을 도운 '한 걸음'

자말은 현실적인 문제들을 늘 윌리엄과 의논하고 윌리엄은 자말의 입장에서 잘 들어주며 지지하는 관계를 잘 만들어간다. 그는 어른이라고 해서 자말을 무시하지 않았고, 경험하지 않았다고 해서 자말의 상황을 경시하지 않았다. 자말의 현실에 언제나 귀를 기울이고 공정하게 대화를 하는 윌리엄은 비로소 시간의 흐름도 인지하게 되고 자말이 화를 낼 때 그의 말을 듣고 생각하기도 하는 등 그를 친구로서 존중한다.

자말을 위해 나서기 위해 준비할 때는 자전거를 타고 달리며 밤공기를 손으로 느끼기도 하며 현실감을 갖는다. 그렇게 시작한 한 걸음의 용기가 자말의 문제를 해결한 후 고향에 가 볼 결심도 이끌어내 점점 앞으로 나아갈 수 있게 된다.

생각해 볼 주제 대사

1. 자말의 문제 해결 방법

"엄마는 아빠가 깨끗해지길 바라는데 지치셨죠, 아빠 또 그게 힘드셨고요. 그때부터 글을 썼어요."

2. 윌리엄: "한 마디 표현이 천 마디의 가치가 있단다."

3. 자말: "왜 제가 흑인이라는 얘길 꺼내셨죠?"

윌리엄: "흑인라는 사실이 중요한 게 아니라 부당한 얘기를 얼마나 잘 참는지 보려던 거야"

자말:" 제가 다시 올 줄 아셨군요."

윌리엄: "그래 네가 새 학교로 전학 갈 걸 알았던 것처럼."

자말: "어떻게 아셨죠?"

윌리엄: "네가 쓴 글에 있는 질문들을 보고 알았지. 살면서 뭘 하고

싶은지에 대한 의문이었지. 네가 다니는 학교에서는 답해줄 수 없는 질문이지."

4. 윌리엄: "다른 사람들이 어떻게 생각하는 지는 듣고 싶지 않다."

5. 윌리엄: "네가 우선 배워야할 건 비밀을 간직하는 방법이야. 여기서 우리 사이에 있었던 일을 아무한테도 얘기하지 말라고 부탁하고 널 믿어도 되겠니?"

6. 윌리엄: "생각은 하지마. 생각은 나중에 해. 우선 가슴으로 초안을 쓰고 나서 머리로 다시 쓰는 거야. 작문의 첫번째 열쇠는 그냥 쓰는 거야. 생각하지 말고."

7. 윌리엄: "가끔은 타이핑하는 단조로운 리듬이 페이지를 넘어가게 해 주지. 그러다 자신만의 단어를 느끼기 시작하면 쓰기 시작하는 거야."

8. 클레어: "넌 왜 모든 문제를 흑백으로 가르는 거지?"

9. '우리보다 먼저 간 이들의 평온은 그들을 뒤따르는 자들의 불안을 잠식시킬 수 없다.'-윌리엄 포레스터의 글 중에서

10. (크로포드에게 화가 난 자말에게) 윌리엄: "사람들이 가장 두려워하는 게 뭔지 아니? 자신이 이해할 수 없는 거지. 우린 이해가 안 되면 가정을 한다. 크로포드는 이해를 못해. 브롱스 출신의 흑인 아이인 네가 글을 잘 쓸 수 있다는 사실을 말이야. 그래서 못할 거라고 가정하는 거란다."

11. 윌리엄: 사과해야 한다고 생각하니?

자말: 아뇨. 아저씨는요?

윌리엄: 아니. 잘못한 게 없잖니? 그자가 시작한 게임이었어. 그래도 조심하는게 좋을거다.

자말: 뭘 조심하라는 거죠?

윌리엄: 네 재능이면 앞으로 놀라운 일을 할 수 있어. 그걸 열 여섯살의 반항기로 망치지만 않는다면 말이야.

12. "여러분 대부분은 너무 어려서 자신의 소망이 무엇인지 알지 못합니다. 하지만 전, 이 글.. 희망과 꿈의 단어를 읽고 제 인생이 있어 너무나 늦게 주어진 소망 하나를 깨달았습니다. 바로 친구라는 , 우정이라는 선물이죠.. 내가 이 글을 읽은 이유는 내 친구가 글을 읽을 수 없어서였소. 그 친구는 성실하게 날 지켜줬죠. 난 그 친구를 지켜주지 못했는데 말입니다. 그는 자말 월리스입니다."

13. 포레스터의 편지

"친애하는 자말에게.
내가 알던 어떤 사람은 우리가 실패할까봐 또는 성공이 두려워 꿈에서 멀어진다고 했지. 네가 꿈을 이룰거란 건 금방 알 수 있었지만 나 자신의 꿈을 한 번 더 이루리라고는 상상도 못했다. 계절은 변한다. 난 인생의 겨울이 지난 세월의 추억과 조우하는 것을 기다려오고 있었나보다. 분명 내 기다림은 생각보다 훨씬 길어졌을 거다. 너의 도움이 없었다면 말이다.

- William Forrester

[♡] 마음 코칭 1 - 정화적 접근

나의 감정, 나의 생각

  윌리엄은 짧은 기간에, 너무나 젊은 나이에 가족 모두를 잃는 엄청난 상실을 겪었다. 가까운 사람을 떠나보내고 느끼는 상실감은 삶에 대한 회의로 이어질 수 있다. 모든 것이 불확실해지고 자기의 힘으로 막거나 해결할 수 있는 것이 없다고 느껴질 때 무기력함과 불안을 느낄 수 있다. 어쩌면 윌리엄은 혼자만의 공간에 은둔해 자기에게도 언제 찾아올지 모르는 죽음을 기다리고 있었는지도 모른다. 시간의 흐름도 느끼지 못하고 빛과 소리를 차단한 채 삶에 대한 아무 미련도, 희망도, 꿈도 없는 사람처럼…

  자말의 도움으로 한 발짝 밖으로 내딛은 윌리엄은 공황발작을 경험하는데 놀라지도 않고 견뎌내는 모습이 마치 처음이 아닌 듯했다. 누구나 한 두 번쯤 공황을 경험할 수 있다는데 아마 요즘은 공황에 대한 인식이 높아져서 많이들 이해하고 공감할 수 있을 것이다. 다음의 질문들로 자신의 감정과 생각을 돌아보자.

정리하기

Q1. 내가 불확실하게 느끼는 것들에 대해 써보세요.

Q2. 윌리엄이나 자말의 감정에 공감되는 경우가 있었나요?

Q3. 불안을 느낄 때 어떤 행동을 하나요?

Q4. 무엇이 그러한 감정을 느끼도록 하나요?

🫰 마음 코칭 2 - 지시적 접근

모델링

좋은 모델	나쁜 모델
자말의 엄마 – 어려운 상황에서도 책임감 있게 아이들을 돌보고 따뜻하게 대한다. – 늘 웃는 얼굴로 행복한 가정 분위기를 만든다. – 아이들의 선택을 지지하고 경제적으로는 어렵지만 무조건적인 사랑으로 아이들을 품는 어른의 본을 보여준다.	**편견과 시기심이 가득한 크로포드 선생** – 자말의 배경에 대한 편견으로 자말의 장점과 재능을 끊임없이 의심한다. – 자신의 아집으로 학생들에게 권위적인 태도를 보여준다.

윌리엄을 위해 야구 경기 관람을 준비하고 공황발작이 온 그를 배려하는 자말

– 윌리엄은 자말로 인해 상처와 아픔을 다시 돌아보고 표현하고 조금씩 변화를 위해 노력할 수 있었다.

자말을 위해 학교에 모습을 드러낸 윌리엄

– 약속을 어긴 자말이지만 자신을 지키기 위해 신의를 굳게 지켰음을 깨닫고 어려움에 처한 그를 위해 학교에 나타나 자말을 옹호해준다.

자말의 형

– 동생에 대한 포용과 지지, 따뜻한 형의 사랑을 보여준다. 자말의 부탁을 들어주고 윌리엄에게 편지를 전해주는 등 결정적인 순간에 자말을 위해 나서준다.

윌리엄이 학교에 나타나 자말을 옹호하였음에도 자말의 근신처분을 바꾸지 않으려는 고집스러운 모습은 그의 재능에 대한 시기와 질투로 보인다.

클레어의 아버지

– 훌륭한 사람이지만 편견으로 인해 자말을 객관적으로 보지 못하고 자말은 그의 눈빛으로 그 모든 것을 느낀다.

---

1. 코칭 포인트: 자신이 마음을 닫은 어떤 사람이나 영역이 있었나요? 혹은 세상에 대해 마음을 닫은 건 아닌가요? 세상과 사람이 실망을 안겨주더라도 어느 날 좋은 친구가 선물로 주어진다면 마음을 열 수 있나요?

2. 코칭 포인트: 영화 속 좋은 모델에서 내가 취할 수 있는 부분은 무엇인가요? 나의 상황에 맞게 적용해 봅시다.

정리하기

Q1. 이외에 자신이 생각하는 좋은 모델이 있다면 어떤 모습인지 적어봅니다.

Q2. 영화 속에서 싫은 사람은 종종 자신의 부정적인 모습이 보이는 경우일 수 있습니다. 혹시 자신과 비슷한 점이 보이는 인물에게 어떻게 이야기해 주고 싶은가요?

Q3. 주인공이 불안에 대처하는 방법은 어떻게 느껴지나요?

Q4. 윌리엄에게 해주고 싶은 말이 있나요?

Q5. 자신을 가장 지지해주었던 사람은 누구였고 어떻게 지지했나요?

🎥 마음 코칭 3 - 연상적 접근

영화 속 상징과 은유

　창문은 윌리엄이 세상을 바라보는 눈과 같다. 사람들과 교류하지도 않고 혼자 집안에서만 지내지만 망원경으로 밖을 내다보고 농구를 하는 아이들을 지켜본다. 새들을 관찰하여 캠코더로 촬영을 하고 동네에서 무슨 일이 일어나는지 주시하고 있다. 일방소통이지만 나름 세상과 완전히 연을 끊은 것이 아니라 세상을 볼 수 있는 통로를 하나 남겨둔 것이다. 윌리엄은 매일 자기를 수련하듯 창문을 깨끗이 닦는다. 강박적인 행동일 수도 있지만 자연을 가까이하는 취미생활로 연결되어 오히려 은둔생활에 긍정적인 요소로 볼 수 있다.

　농구는 자말의 취미이자 진로다. 글쓰기와 전혀 다른 세계인 것 같지만 운동은 두뇌활동에 좋은 영향력을 미쳐서 학습 효과를 높이는 것으로 알려져 있다. 자말의 경우 가난한 동네에서 함께 자라고 농구를 하며 어울리던 친구들과의 유대를 이어주는 활동이면서 스트레스 해소에도 도움이 되었을 것으로 생각할 수 있다. 자말은 운동 지능이 높고 글쓰기에도 뛰어난 재능을 갖고 있는데 움직이고 이동할 때 늘 농구공을 손에서 놓지 않는다. 둥근 공을 통제하는 감각을 손에 익혔는데 그렇게 공을 통제하는 습관은 창문을 닦는 윌리엄의 습관처럼 자신을 수련하는 행동이 되었을 것이다.

1. 코칭 포인트: 마음을 다스리고 자신을 수련하는 방법이 있다면
   무엇인지 적어 보세요.

망원경은 윌리엄이 창밖을 내다볼 때 쓰는 도구인데 나안으로 볼 때와 달리 사물을 확대해서 보여주는 장치로 근접한 시야의 관점을 가져다준다. 우리가 자세히 보고싶은 무언가를 집중해서 보아야할 때 망원경의 관점을 생각하면 도움이 된다. 어느 한 포인트를 확대해서 세세히 보는 것이다. 때론 숲을 보아야할 때가 있지만 반대로 나무 하나하나를 세세히 보아야할 때가 있으므로 그럴 때 망원경으로 보듯이 볼 수 있다면 분명 도움이 될 것이다.

타자기는 자말이 윌리엄의 방식대로 습작을 하는 도구다. 작은 노트에 손글씨를 쓰면서 작문 연습을 했던 자말이 글쓰기를 지도받으면서 윌리엄의 방식대로 윌리엄의 관점으로 글쓰기를 새롭게 대하게 되는 도구인 것이다. 이는 자신의 관점을 벗어나 모든 것을 새롭게 보게 하고 윌리엄의 가르침대로 가슴으로 쓰고 머리로 생각하면서 고쳐쓰는 습작을 하게 되어 실력이 늘게 된다. 따라서 타자기는 윌리엄의 방식에 대한 상징이다. 때로 이런 멘토가 있어 내 관점을 쉽게 내려놓고 멘토의 관점으로 모든 것을 보게 된다면 생각지 못한 도움을 얻을 수도 있다.

2. 코칭 포인트: 내가 조언을 받아들일 수 있는 믿을 만한 멘토가 있나요? 멘토의 관점은 나의 관점과 어떻게 다른가요?

아빠가 집을 나간 후 시작한 **글쓰기**는 자말에게 자기의 감정과 생각을 글로 풀어 해소하는 방법이었을 것이다. 부모의 문제로 인해 힘든 상황과 마음의 어려움에 빠지지 않고 자기만의 방법을 찾아 긍정적으로 스스로를 도운 것이다. 독서를 많이 한 자말은 글로 자기의 고민과 삶에 대한 사유를 적으며 끊임없이 습작을 하다가 윌리엄을 만나 문학적 재능이 꽃피게 된다. 꼭 천재가 아니어도 글쓰기는 놀라운 효과가 있다. 이 또한 자말로서는 마음을 다스리는 일기처럼 시작했을 것이다. 농구가 에너지를 몸밖으로 표출하는 활동이라면 글쓰기는 자기 에너지가 내면을 향하는 것이다. 이렇게 자말은 균형 잡힌 생활을 하며 건강한 청소년으로 자란다.

전학은 변화를 향한 자말의 첫걸음에 대한 은유다. 각 사람에게는 자신만의 공간과 시간이 있다. 공간을 바꿔보는 것은 변화의 에너지를 끌어올리는 좋은 방법이다. 단순히 물리적 공간만을 의미하는 것은 아니다. 환경은 알게 모르게 우리에게 벽이 되기도 하고 울타리가 되기도 한다. 변화를 꿈꾼다면 환경을 바꿔 볼 필요가 있다. 시간도 마찬가지다. 다른 공간에서는 시간도 다르게 느껴지는데 이런 시간과 공간의 마술이 변화를 일으킨다.

3. 코칭 포인트: 나의 환경은 어떤가요? 무엇을 바꿔보고 싶은가요?

정리하기

Q1. 영화에서 자신의 눈을 사로잡은 어떤 장면이 있었나요? 그 장면은
    어떤 의미를 내포하고 있을까요?

Q2. 눈을 감고 영화를 다시 생각하면 머리 속에 떠오르는 어떤 이미지
    가 있나요?

2장 마피아 보스를 덮친 공황 발작
< 애널라이즈 디스Analyze This >

개요: 코미디, 범죄 | 미국 | 103분 | 1999
감독: 해롤드 래미스 Harold Ramis
출연: 로버트 드 니로Robert De Niro(폴 비티 역), 빌리 크리스탈Billy
Crystal(벤 역), 리사 쿠드로Lisa Kudrow(로라 역)
등급: 청소년 관람불가

57년전 마피아 총연합회 회장이었던 아버지가 농장으로 소집한 회의는 FBI의 급습으로 모두 도망치고 이후 회장이 바뀌는 사태가 된다. 아버지의 뒤를 이어 뉴욕 최강의 마피아 대부가 된 폴 비티Paul Vitti(로버트 드 니로 분)는 얼마 후에 있을 전국 마피아 총연합회가 내키지 않는다. FBI에 동료들을 밀고하는 자들도 있고 중국과 러시아 쪽 조직까지 상대해야 되는 상황에서 새 지도자 선출을 위한 것인데 아버지를 대신하여 자신을 돌봐준 후견인 아저씨가 회의에 가자고 종용하여 마지못해 고개를 끄덕였다. 자리를 뜨려는데 총격이 시작되고 후견인 마네타가 살해되는데 폴은 다행히 목숨은 건진다.

정신과 의사 벤Ben(빌리 크리스탈 분)은 진을 빼는 환자들과 상담을 하는게 일이다. 다음 주면 재혼을 하는 벤은 부모님 댁에서 열리는 파티에 가는 중에 아들과 대화에 몰두하다 앞차를 추돌하게 된다. 앞차의 트렁크가 열리는데 사람이 묶인 채 들어가 있다. 운전자가 내려 얼른 트렁크를 닫는데 벤은 보지 못했다. 경찰부터 부르자는 벤에게 또 다른 남자가 와서 경찰은 엿같다며 괜찮으니 잊어버리라고 한다. 조금 이상하지만 벤은 자기 명함을 주고 혹시 마음 바뀌면 연락하라고 한다. 벤이 정신과 의사임을 확인한 남자는 트렁크에 테이프를 칭칭 감고 가봐야한다며 떠나고 벤은 다시 부모님 댁으로 향한다.

정신과 의사인 벤의 아버지는 파티의 멋진 주인공으로 피아노를 치며 노래를 한다. 새 책을 출판하고 사인회 일정 때문에 벤의 결혼식에 참석 못하신다 해서 벤은 서운하지만 부모님의 뜻을 꺾을 수가 없다. 능력있고 멋진 아버지에 대해 불만이 있어도 자기 심리를 분석 받고 싶지 않은 벤은 자기 감정을 숨기고 일도 잘 되는 것처럼 허세를 부린다.

어느날 폴은 갑자기 숨을 쉬기가 어려워 병원에 가서 심장 검사를 받지만 심장은 정상이라는 진단이 나온다. 지난 3주 동안 세 번이나 발작했는데 정상이라니? 의아해하는 폴에게 의사는 결과로 봐선 불안 발작(anxiety attack)이나 공황발작(Panic attack)이라고 한다. 의사는 흔히 있는 일이라며 약을 지어준다고 하지만 폴은 내가 겁먹을(panic) 놈으로 보이냐고 의사를 노려보고 화를 낸다. 받아들이지 못하는 듯 보였던 폴은 넌지시 가장 가까운 부하 젤리에게 정신과 의사 한 놈 알아보라고 지시한다. 우연의 일치라고 생각한 젤리가 오늘 정신과 의사를 만났다고 하자 비밀에 부치라고 신신당부를 하고 의사를 찾아간다.

젤리가 벤의 상담실에 무작정 들어가 상담중인 사람에게 돈을 주어 내쫓고 폴이 들어온다. 상담실을 둘러보는 폴의 기세에 압도된 벤은 아무 대답이나 하고 폴은 젤리를 내보낸 뒤 서성거리며 대화를 시작한다. 벤의 책상 위에서 토니 베넷의 CD를 보고 토니 베넷을 좋아하냐고 묻더니, 자기의 증세를 친구 이야기인것처럼 얘기하고 감정적 변화와 신체에 일어난 발작까지 사실대로 털어놓는다. 벤도 공황발작이라고 바로 진단하는데 어떻게 하면 고칠 수 있냐고 묻는 폴에게 "그 친구가 바로 당신 이신가요?"라고 벤은 훅 들어간다. "자네는 타고났군"하며 인정할 수 밖에 없었던 폴은 약물치료는 거부한다. 벤은 낫고 싶으면 치료를 받아야 한다고 하면서도 폴의 치료를 거부한다. 자기는 예약이 꽉 찼고 다음 주는 휴가를 간다며 안된다고 하는데 어디로 가냐고 묻는 폴의 카리스마에 어쩔 수 없이 행선지를 알려준다. 얘기를 하고 나니 마음이 한결 가벼워졌다며 어깨에서 큰 짐을 던 기분이 된 폴은 벤이 마음에 든다. "자네는 훌륭해."라고 하며 폴은 떠난다.

결혼식을 위해 마이애미로 간 벤은 한밤중에 나이트가운만 걸친 채 납치된 모양새로 폴에게 불려간다. 폴은 애인과의 잠자리가 신통치 않자 마이애미에 와서 벤을 호출한 것인데 여전히 엉망인 자신을 제대로 치료하지 못했다며 벤에게 화를 내는 것이었다. 마이애미까지 1500마일을 날아와서 잠자는 벤을 납치한게 발기 때문이라는 것이 어이없지만 어쩔 수 없이 상담을 시작한다. 처음엔 솔직히 말하지 않던 폴은 2주 안에 치료되지 않으면 자신은 끝장이라고 한다. 벤은 2주 안에는 아무것도 못할뿐더러 자신이 행복하고 건강한 깡패를 만들어야겠냐고 반문한다. 마피아를 도우려고 의사가 된 게 아니라며 거절하고 떠나려고 하자 폴은 울음을 터뜨리며 자기는 죽은 목숨이다, 진정한 의사는 고통받는 환자에게 등돌리지 않는다며 눈물로 결국 벤을 잡는다.

최근에 스트레스가 많았음을 확인하고 그것 때문일거라고 하자 "겨우 스트레스 때문에?" 하고 폴은 의아해한다. 스트레스는 아주 강하다는 말에 "바로 그거로군." 하며 벤을 훌륭하다고 칭찬한다. "당신이 내 주치의야"라고 하는 폴에게 벤은 "전 못합니다. 당신은 준비가 안됐어요." 라며 마음을 열지 않는 폴이 좋은 환자가 아니라고 말하지만 폴의 압력에 뉴욕으로 돌아가면 2주간 폴을 치료하는 데 전념하겠다고 약속한다.

호텔로 돌아와 벤이 없어져서 걱정하던 약혼녀 로라Laura(리사 쿠드로 분)에게 사실을 털어놓고 안심시킨다. 그러나 다음날 고래쇼를 구경하는데 젤리가 나타나 벤을 데려가려고 한다. 벤은 당황하고 놀라서 우리는 뉴욕에서 치료하겠다고 합의했다면서 안가겠다고 완강하게 거절해보지만, 상어수족관에 빠트리자 어쩔 수 없이 바닷가에 가서 폴을 만난다. 벤을 호출한 이유는 언제 공황발작이 올지 불안하다는 것. 그런데 해변에서 얘기하는 폴과 벤을 감시하는 사람들이 두 사람의 사진을 찍는다. 감시당하는 걸 눈치챈 폴은 호텔방에 와서 상담을 계속한다. 벤은 폴에게 술을 마시지 말라고 하고 아버지에 대해 묻는다. 돌아가실 때 감정과 혹시 죄책감은 없는지 물어본다. 그리고 오이디푸스 콤플렉스를 설명해주자 이해를 못하는 폴은 "우웩"하고 역겨워한다.

다음 날 심지어 폴은 가족을 데리고 벤이 로라의 부모님을 만나고 있는 곳에 나타난다. 로라에게 축하한다면서 돈 봉투를 주고는 벤을 데려가 꿈 이야기를 하는데 벤은 꿈의 의미에 대한 폴의 생각을 물어본다. 폴은 벤이 되묻는 것을 불평하며 그건 젤리도 할 수 있다고 하자 그럼 젤리에게 시키라고 하며 벤은 등을 돌린다. 벤의 결혼식이 시작되었는데 폴의 방에서는 폴을 죽이러 온 암살자로 인해 총격전과 육탄전이 벌어지고 젤리가 놈을 잡아 폴이 총을 겨누었으나 전처럼 쉽게 쏘지를 못한다. 결국 벤의 결혼식 장소로 웬 남자가 7층에서 떨어진다. 폴의 방에 올라가 결혼식을 망쳤다고 화를 내는 벤과 로라 앞에서 짐을 싸서 떠나려는 폴은 누군가 자기 부하를 죽이고 자신까지 죽이려고 한다는 사실에 열을 낸다. 벤이 화가 나 더 이상 당신을 치료하지 않겠다고 하자 폴은 그제서야 자기한테 원하는 게 뭐냐고 묻는데 벤은 자객을 보낸 라이벌 프리모에게 전화를 걸게 한다. 화가 난 폴의 감정을 말하라고 시켜 폴이 화를 내고 욕을 퍼붓지만 상대가 욕을 하고 전화를 끊어버리자 폴은 전화기를 부숴버리며 분노를 폭발한다.

벤이 집에 돌아와보니 폴이 결혼 선물로 보낸 마당의 분수대가 물을 내뿜고 있다. 더 놀란 것은 거실에 FBI요원들이 기다리고 있는 것이다. 해변에서 폴과 찍힌 사진을 내밀며 설명을 요구해 의사와 환자의 관계라며 둘러대는데 그들은 마피아 총회에 대한 정보를 빼내달라고 하면서 벤을 위협한다. 그날 밤 벤은 폴을 만나다가 자신이 총에 맞는 〈대부〉 스토리의 꿈을 꾸고 놀라서 잠에서 깬다. 이틀 후 친구 토미의 장례식에 간 폴을 찾아가 지난번 폴의 꿈과 자신의 꿈을 프로이트 이론으로 분석하며 아버지에 대해 묻는데, 폴은 자기 얘기는 하지 않고 반대로 벤의 아버지 이야기를 물으며 벤을 비웃고 놀린다.

FBI는 폴의 조직내 대화를 녹음해 벤을 속여 동조하게 만들고, 폴은 조직에서 벤을 없애라는 압력을 받는다. FBI의 조작으로 폴이 자기를 죽이려한다고 생각한 벤은 몸에 도청장치를 붙이고 벤을 만나는데 꼬치꼬치 묻는 그를 수상히 여긴 폴의 조직은 벤을 주시한다. 조직원으로부터 그 식당이 폴의 아버지가 살해된 곳이고 어린 폴이 그 자리에 있었다는 것을 알게 된 벤은 화장실에 가서 도청장치를 떼고 다시 폴에게 가서 아버지 얘기를 시작한다.

프리모 일당은 벤이 식당에 있다는 첩보를 듣고 암살자를 보내지만 폴은 벤을 데리고 식당을 뜬다. 한적한 곳으로 가서 자기를 배신했다며 벤에게 총을 겨누는데 벤은 사실을 말하고 자기는 도청장치를 떼고 폴을 도우러 왔으니 돕게 해달라며 아버지 얘기를 다시 묻는다. 폴은 자기의 트라우마를 말하고 울음이 터진다. 아버지에게 지금이라도 하고 싶은 말을 하라고 하자 "아빠 죄송해요"하며 통곡을 한다. 그때 프리모의 부하가 와서 총을 쏘는데 폴은 자동차 뒤에 숨어서 총격전 내내 울음을 그치지 못하고 있다가 젤리가 해결한 뒤 자동차 뒤에서 나온다. 어쨌거나 벤은 폴이 이제 치료가 되었다고 생각했다. 폴에게 중요한 진척이 있었던 것이라고 확인시켜주고 마지막 인사를 하고 행운을 빌며 벤은 돌아간다.

드디어 조직 보스들의 회동이 있는 날, 더할 나위 없이 기분이 좋다던 폴은 외출준비를 하다 부자지간의 이야기가 나오는 TV광고를 보고 다시 울음이 터진다. 벤은 지난번 망친 결혼식을 뉴욕에서 다시 하고 있는데 도중에 젤리가 나타나 또 벤을 데려간다. 얼떨결에 할 수 없이 폴의 동업자인척하며 젤리와 함께 회동에 가게 된 폴은 프리모의 도발에 상황을 모면하려 센 척하며 말도 안 되는 소리를 하면서 애를 쓰는데 다행히 위험한 순간에 폴이 나타난다.

폴은 이 일에서 손을 떼겠다고 선언한다. 그러나 마피아 선서를 존중하고 사업의 모든 비밀을 지킬 것이며 자기와 가족의 안전을 위해 은행 보관함에 불법 사실을 기록한 자료를 남겨두었다고 하자 모두 받아들이고 폴을 보내준다. 그러나 프리모 일당은 폴을 뒤쫓아가는데 폴은 이미 대비를 해 놓았다. 그러나 돌아서는 척하다 허점을 노려 총을 쏜 프리모의 총알은 벤을 맞추고 곧 경찰이 급습해 다들 도망치기

바쁜데 폴은 잡혀가면서도 벤을 칭찬한다. 그후 교도소로 찾아온 펜에게 폴은 여기서도 상담을 계속할 수 있냐면서 자기를 치료해줘서 고맙다고 인사를 한다. 드디어 모든 문제가 해결되고 벤은 폴이 결혼선물로 보내준 토니 베넷 밴드의 음악에 맞춰 로라를 안고 분수대 앞에서 춤을 춘다.

폴의 불안에 영향을 미친 요인

하나, 폴은 12살 때 아버지의 죽음을 목격한 트라우마가 있었다. 생각하지 않으려고 애를 썼지만 가슴 깊은 곳에서는 암살자가 다가오는 것을 보았는데도 아빠가 자신한테 화가 나 있어서 말하지 못했던 것에 대해 깊은 죄책감을 안고 살아가고 있었다. 그리고 작별인사를 할 틈도 없이 아버지는 살해당했는데 최근 가까운 친구의 죽음이 그 트라우마를 건드려 의식하게 되었을 것이다. 마음의 상처와 연결된 죄책감은 직면하기 고통스러운 감정이다. 억압된 감정은 사람을 불안에 취약하게 만든다.

둘, 아버지의 죽음과 관련된 마피아 총회가 다시 열리는데 아버지 대신 자기를 돌봐준 후견인이 총회에 가자고 폴을 종용한다. 불안이 스멀스멀 올라와 내키지 않는데 어쩔 수 없이 참석하겠노라고 약속을 한다. 2주 후 열리는 총회가 다가온다는 사실, 누군가 자신을 죽이려고 할지도 모른다는 생각이 불안을 증폭시켰을 것이다.

셋, 스트레스가 많았다. 친구의 죽음도 그렇지만 아기가 나오는 광고를 보고도 눈물이 나는 폴은 무엇보다 자신이 약해졌다는 느낌에 더 불안을 느꼈다. 마피아의 세계는 약점을 드러내면 안 되기 때문에 생명의 위협을 느낄 정도의 스트레스였을 것이다.

폴의 불안 증상

1. 폴을 당황하게 만든 증상은 전형적인 공황 발작이다. 심장 발작인 것처럼 갑자기 숨이 막히고 어지럽다. 숨을 쉴 수 없을 정도로 가슴이 답답하고 조여오는 통증을 느낀다.

2. 갑자기 눈물이 많아져 이유도 없이 눈물이 나고 잠도 못 자고 초조한 마음이 되는 등 감정적인 변화가 두드러진다. 자신이 약해졌다고 생각한 폴은 친구들과의 만남을 피하는 등 증상을 감추려고 노력해보지만 더 이상 통제가 안 되는 지경에 이른다.

3. 때로 발기가 잘 되지 않는다. 감정적 변화와 더불어 신체적으로도 전과 다르다. 이러한 성적인 문제는 남성성에 대한 위협을 느끼게 한다.

4. 예전처럼 빠른 판단과 행동이 어렵다. 친구가 죽었는데도 아무 움직임이 없자 상대는 이상히 여긴다. 심지어 자기를 죽이러 온 자객을 앞에 두고도 총을 쏠 수가 없다.

폴의 변화 과정

약한 모습을 감춰야만 했던 폴은 벤을 찾아가 자기 증세를 이야기한 것만으로도 마음이 가벼워지고 짐을 덜어낸 듯한 기분을 느꼈다. 코미디 영화답게 재미있고 가볍게 이야기가 흘러가지만 벤과의 상담대화로 폴은 변화되었다. 폴의 변화과정을 정리해보자.

1. 자기 개방

자기를 개방한다는 것은 상대를 신뢰하지 않으면 불가능하다. 물론 폴은 아무에게도 자기의 약한 모습을 드러낼 수 없었기에 절박한 상황이었을 것이다. 자기 개방이 어려웠던 폴은 친구 이야기라고 하며 자기 이야기를 했고 벤은 그것이 폴 자신의 이야기임을 간파했다. 처음엔 자기 이야기 아니라고 강하게 부인하던 폴은 더 이상 속일 수 없다는 것을 알게 되자 벤이 재능있는 의사라고 생각해 자기를 개방하게 된다.

2. 인지

자신의 증세가 공황발작이고 신체적으로 약해진 이유도 스트레스 때문이라는 것을 인지하는 것 만으로도 폴은 문제가 가볍다고 생각한다. 심각하고 고칠 수 없는 문제가 아니라 전에는 간과했었지만 스트레스는 매우 강력하고 겉으로 아무 문제없이 보이는 사람도 약하게 만들 수 있다는 것을 알고 오히려 안심한다. 문제의 원인을 아는 것은 사람을 안심시킨다. 그것이 해결의 출발점이 될 수 있다.

3. 억압된 죄책감을 직면하고 감정을 말하기

벤은 아버지에 대한 이야기를 계속 꺼낸다. 폴은 아버지 얘기를 하기 싫어하는데 감정을 물어보고 그 부분이 중요하다고 언급하는 벤에게 방어기제로 철벽을 친다. 벤도 아버지와 관련된 심리적 문제가 있는데 오히려 벤을 비웃고 공격을 한 것이다. 그러나 벤은 폴이 트라우마와 죄책감을 직면하도록 돕는다. 모든 걸 털어놓고 실컷 울고 난 폴은 비로소 억압된 감정과 그로 인한 불안에서 해방된다. 남자에게 있어서 아버지의 존재는 매우 중요하다.

4. 결단

폴은 자기 일생일대의 중요한 결단을 한다. 마피아 총회에 가기를 주저했던 폴이지만 결단을 내린 후 당당하게 등장해 이 일에서 손떼겠다고 선언한다. 그리고 자신을 배반한 사촌에게 복수를 하지 않겠다고 한다. 폴은 자기를 돌아보고 자신을 찾았다고 고백한다. 이는 불안을 돌파했다는 의미이며 이제 정신적으로 건강하고 자신에게 만족한 상태가 되었다고 스스로도 말한다.

5. 치료에 적극적인 태도

폴은 교도소에 가서도 벤에게 치료를 계속하고 싶다고 한다. 죄책감으로부터 해방된 것이 시작이라는 것을 알고 상담을 계속하고 싶어한다. 방어기제로 똘똘 뭉쳐 자기 속 얘기를 하지 않던 처음의 모습과는 정반대로 적극적으로 치료에 임하려는 자세가 되었다.

생각해 볼 주제 대사

1. 공황 발작을 받아들이지 못하는 폴

"내가 겁이나 먹는 놈으로 보이나?"

2. 방어기제로 자신을 감추는 폴

"치료가 필요한 건 내가 아니고 내 친구라니까? 못 들었어? 귀담아 들어야할 사람이 2초도 안 돼서 잊어버려? 서비스가 영 아니로군.",

3. 친구인 것처럼 자기 증세를 고백하는 폴

"이 친구는 파워가 센 자인데 갑자기 약해지고 있어. 이유도 없이 울고, 잠도 못자고 초조해져서 친구들을 만나려고 하지도 않고 갑자기 피하려고 하네. 평생을 함께 해 온 친구들인데 말이야. 거기다 발작까지 일어나 숨이 막히고 어지럽고 가슴에 통증까지 꼭 내일이면 죽을 사람같아. "

4. 약물치료를 거부하는 폴에게

"문제를 해결하고 싶으시면 치료를 받으셔야죠"

5. 첫 대화 후

"이런 말 하면 우습지만 자네에게 말하고 나니까 기분이 좋아졌어. 어깨에서 큰 짐을 던 기분이야."

6. 또다시 불안증세가 찾아오자 벤에게 화를 내는 폴

"네 치료는 효과가 없었어. 난 여전히 엉망이야. 넌 아무것도 한 게 없어."

7. "스트레스는 아주 강합니다. 당신의 신체적 문제가 아니에요"

8. 아버지에 대한 죄책감을 고백하는 폴이 아버지에게 하고 싶은 말

"아빠 죄송해요. 아빠 죄송해요."

9. 누워있는 아빠가 걱정되어 옆에 앉아있는 아들

"아빤 언제까지 누워 있을거야?"

10. 자기 결심을 선언하는 폴

"난 이제 내 인생에서 아주 중요한 결단을 내리려 합니다. 전 그만 두겠습니다. 이 일에서 손 떼겠어요... 자신을 돌아보고 자신을 한 번 찾아봐. 나는 찾았으니까. 나는 정신적으로 건강하고 나 자신에게 만족해"

11. 교도소로 폴을 면회 온 벤에게

"여기서도 치료를 계속할 수 있을까?"

🎬 마음 코칭 1 - 정화적 접근

나의 감정, 나의 생각

이 영화는 마피아라는 비현실적인 배경과 인물로 그려졌지만 일반 사람들 중에도 폴 비티처럼 항상 강해야 하고 남들 앞에서 약한 모습을 보이면 안 된다고 생각하는 가부장적인 남자들이 많다. 마초 같은 모습이 남자다운 거라고 생각하는 사람들은 그런 점에서 공감할 수 있을 것이다. 그리고 주변에 그런 사람이 있다면 충분히 이해 가능하다. 감정적인 모습을 여자의 특징인 것처럼 표현된 부분은 여성성과 남성성에 대한 전통적인 고정관념이다. 그런 점에서 남성들의 감정은 더 오랫동안 억압되어 왔다.

초점을 두고 보아야 할 부분은 폴이 억눌러온 죄책감이라는 감정과 스트레스가 마피아 보스 같이 대표적인 마초맨도 무력화시킬 수 있을 만큼 얼마나 강한지, 그리고 그로 말미암아 공황 발작이 덮칠 수 있다는 점이다. 감정은 억누르면 반드시 더 강하게 터진다. 평소에 나의 감정과 생각을 잘 돌아보고 적절히 다룰 수 있어야 한다. 영화를 통해 자기의 감정을 놀아보자.

정리하기

Q1. 폴의 모습에서 어떤 감정이 공감이 되나요?

Q2. 무엇이 그러한 감정을 느끼도록 하나요?

Q3. 기억하고 싶지 않은 어떤 일이나 사람이 있나요?

Q4. 그 일 혹은 사람을 떠올리면 어떤 감정이 느껴지나요?

📇 마음 코칭 2 - 지시적 접근

모델링

좋은 모델	나쁜 모델
상담실에 와서 상담을 하는 사람들 – 자기를 개방하고 도움을 받으려고 상담실에 와서 앉아 있는 사람들은 매우 용기 있고 자기 삶을 사랑하는 사람들이다. **싫어도 의사로서 폴의 고통을 외면하지 않는 벤** – 폴이 자기는 죽은 목숨이다, 그러고도 네가 의사냐 하면서 거절하지 못하게 하기도 했지만 벤의 가슴 속에는 의사로서 환자에 대한 연민이 있었기 때문에 불편한 상황에서도 환자를 돕는데 집중할 수 있었을 것이다. **FBI를 돕다가 폴의 트라우마를 알게 되자 도청 장치를 떼고 의사의 본분으로 되돌아간 벤** – 총으로 위협당하는 상황에서도 포기하지 않고 고객을 먼저 생각한다. 과장된 코미디이긴 하지만 폴을 돕는 의사의 본분을 자기 자신의 안전보다 우선했다는 점은 생각해볼 만하다.	**환자로서의 역할에 충실하지 않은 폴의 모습** – 마음을 열지 않고 약도 거부한다. – 자기 마음대로 의사를 찾아오거나 의사의 말을 판단한다. – 술을 마신다. (공황발작, 공황장애에 술은 금기다.) **아버지들** – 로라의 아버지는 로라를 사랑하고 든든한 배경이 되어주지만 사위에게도 권위주의적이고 먼저 귀기울여 듣지 않는다. – 폴의 아버지 역시 범죄자로서 본을 보이지 못했으면서도 아들의 잘못에는 화를 내는 권위주의적인 아버지였다. – 반면 벤의 아버지는 방목형으로 아들을 아버지로서가 아닌 의사의 입장에서 분석하려고 한다. 아들을 부모로서 충분히 지지해주지 않고 자기 성취가 더 중요하다.

1. 코칭 포인트: 혹시 마음에 고통이 있어도 상담이나 코칭을 받고
   싶지 않은 마음이 있다면 어떻게 용기를 낼 수 있을까요? 한 걸
   음만 나가 본다면 무엇을 하시겠어요?

2. 코칭 포인트: 아버지에게서 닮고 싶은 부분은 어떤 점인가요?

정리하기

Q1. 혹시 자신이나 친구가 도움이 필요하다면 어떤 모습인지 적어봅시다.

Q2. 자신의 아버지에 대해 한 마디로 어떤 사람이라고 표현하고 싶은가요?

Q3. 영화 속 인물 중에 자신과 비슷하게 동일시되는 인물이 있나요?

Q4. 아버지나 어머니에게 하고 싶은 말이 있나요?

Q5. 아버지와 다른 자신의 모습은 어떤 모습인가요?

Q6. 어떤 부모가 되고 싶은가요?

🎞️ 마음 코칭 3 - 연상적 접근

영화 속 상징과 은유

마피아는 강한 남자의 이미지로 불안 장애나 공황발작과 전혀 어울리지 않을 것 같아 극도로 대비되어 더 두드러지는 상징이다. 마피아는 고전 영화 〈대부〉를 연상시키는데 영화 중간에 벤은 〈대부〉의 스토리로 꿈을 꾼다. 〈대부〉 역시 마피아의 세계를 그려 가부장적 남자들의 세계, 마초적인 강한 남성의 이미지를 보여준다. 그렇게 강한 남자도 공황발작을 겪을 수 있고 진짜 강함은 겉모습이 아니라 내면 세계에서 나온다는 것을 대조적으로 보여준다. 폴은 아버지에 대한 기억을 다루고 자기 자신을 찾은 후에 마피아 일을 그만둔다.

토니 베넷은 미국의 전설적인 재즈 가수로 폴이 벤의 상담실에 들어와서 그의 CD를 발견한다. 마피아답게 갑자기 찾아와서 의사와 자리도 바꿔 앉아 자기가 분위기를 압도하며 상담을 시작하지만 (사실 제대로 된 상담은 아니었다) 토니 베넷을 좋아하냐는 질문과 팬이라는 대답으로 공감대를 찾아 라포를 형성한 것으로 볼 수 있다. 코미디 영화답게 스토리는 전형적인 상담과는 다르게 이어지지만 라포의 중요성을 보여준다. 마지막에 벤을 위해 진짜 토니 베넷 밴드를 선물로 보내 벤의 집 앞 마당에서 연주를 하게 한다.

분노는 폴이 마피아이고 스트레스가 많으며 친구와 부하들이 살해당한다는 설정에서 보면 당연해 보이지만 벤이 폴에게 분노를 표출하도록 돕는 장면에서 분노가 '폐쇄된 소망blocked wish'이라는 표현을 한다. 어떻게 분노를 표현하느냐는 매우 중요하다. 벤은 자기는 베개를 치기도 한다면서 예를 들지만 폴은 베개에다 총을 연달아 쏜다. 그래도 분이 안풀리는 폴을 보는데 벤은 이미 폴의 분노가 깊이 묻어둔 감정과 연관되어 있다는 것을 간파했다. 우리 안의 수많은 감정들을 해소하지 않고 억압할 경우 표현하는 방법을 모르게 되어 한 가지 모습으로 드러나는데 대표적으로 분노가 있다. 화가 많은 사람은 속마음에 있는 수치심이나 죄책감, 원망, 슬픔, 우울함 등 다양한 감정들이 분노의 얼굴을 하고 나타나는 것일 수 있다. 분노가 대표가 된 셈이다. 평소에 자신의 감정을 잘 인식하는 것이 중요하다.

1. 코칭 포인트: 화가 날 때가 많은가요? 평소에 자신의 감정을 적절한 단어로 표현하고 일기를 써 봅시다. 지금 나의 감정은 무엇일까요?

꿈은 정신분석으로 폴의 무의식을 들여다보는 장치이다. 폴은 이상한 꿈을 꾸었다며 벤을 찾아오고, 벤도 폴이 중요한 얘기를 하지 않고 아버지 얘기도 얼버무리는 것을 본다. 벤은 나중에 꿈을 꾸는데 꿈 내용으로 아버지 문제가 핵심이라는 것을 알게 된다. 해결의 실마리를 찾게 해주는 그 두 사람의 꿈으로 인해 폴의 공황발작의 원인이 되는 불안에 대해 프로이트의 이론을 바탕으로 정신분석을 한다는 설정인데 벤이 정신과 의사로서 폴을 돕는다는 것을 납득시키는 직접적인 상징이다.

프로이트는 영화의 제목인 〈Analyze This〉에 맞게 정신과 의사인 벤이 폴의 꿈을 분석하면서 프로이트의 이론을 언급한다. 프로이트는 꿈으로 사람의 무의식을 분석한 정신의학자로 이 영화에서는 폴과 벤의 꿈이 중요하다는 암시를 주는 상징이다.

2. 코칭 포인트: 생각나는 꿈이 있나요? 혹시 반복되는 꿈이 있다면 무슨 의미일지 생각해 봅시다. 꿈에 등장하는 사람이나 물건, 장소 등이 무언가를 떠올리게 하나요? 꿈을 꾸고 나면 어떤 기분이 드나요?

아버지는 폴의 문제의 핵심인데 공교롭게도 벤 역시 아버지에 대한 이슈가 있다. 벤이 폴의 문제를 분석하는 과정에서 아버지에 대해 질문한 것은 상담의 일반적인 절차이기도 하지만 벤이 민감하게 포착한 것일 수도 있다. 아버지와의 관계, 아버지의 죽음으로 인한 트라우마, 자신의 죄책감, 작별 인사도 못한 것에 대한 애도 등 관련된 문제는 많았는데 영화에서는 드라마틱하게 그려지지만 이러한 이슈가 얼마나 중요한지를 알 수 있다.

벤도 폴도 아들이 있는 아버지였다. 아들이자 아버지인 두 사람의 아버지 이슈는 많은 것을 시사한다.

3. 코칭 포인트: 아버지에게 혹시 서운한 마음이 있었던 적이 있나요? 어떤 일인지 적어보고 생각을 정리해 아버지에게 편지를 써보면 어떨까요? 자신의 편지 속에서 발견한 아버지 모습은 어떤가요?

정리하기

Q1. 아버지 이야기를 하면서 우는 폴의 모습에서 어떤 느낌이 들었나요?

Q2. 기억 속에 가장 따뜻했던 부모님에 대한 기억은 어떤 것인가요?

Q3. 아버지를 생각나게 하는 상징이 있나요?

2부 불안과 공포:
선택적 함구증과 사회불안장애에 대한 영화적 이해

3장 입을 잠가버린 소녀
<마음이 외치고 싶어해心が叫びたがってるんだ。>

개요: 애니메이션 | 일본 | 119분 | 2015

감독: 나가이 타츠유키

출연: 미나세 이노리(나루세 준), 우치야마 코우키(사카가미 타쿠미), 이마미야
　　　소라(니토 나츠키), 호소야 요시사마(타사키 다이키)

등급: 12세 관람가

　이 영화는 Anthem of the Heart라는 영어제목 외에 〈Beautiful word, beautiful world〉라는 영어로 된 부제가 있는데 이는 다소 교훈적으로 느껴진다. '말'이라는 소통의 도구가 어떤 것인지 그리고 얼마나 중요한지 생각해 볼 수 있게 해 줄 뿐만 아니라 말로 표현하지 못하는 고통이 아주 잘 묘사된 영화다.

　말하기를 좋아하던 한 소녀가 입을 닫아 버린다. 수다스럽고 꿈이 많았던 어린 나루세 준은 동네에 있는 성에서(실상은 러브호텔이다.) 다른 여자와 나오는 아빠를 보고 엄마에게 달려간다. 아빠가 왕자라고 생각한 준은 아빠가 다른 공주와 성에서 나왔다며 엄마는 도시락 싸느라고 성에 못 갔느냐고 묻는다. 의미를 알아챈 엄마는 준의 입을

막는다. "말하지 마" … 그 후 곧 아빠가 떠난다. "엄마랑 화해하도록 준이 도와줄게요"라고 말하지만 아빠는 준의 수다를 탓하며 떠난다. 모든 것을 자기 탓이라고 생각하는 준 앞에 달걀요정이 나타나 준의 입을 봉해버린다.

준은 고등학생이 되어서도 말을 하려면 배가 아프고 소리가 입 밖으로 나오지 않는 고통 속에 살아간다. 학교에서도 동네에서도 말 못하는 아이로 인식된 준은 누구와도 소통하지 않고 침묵 속에서 생활한다. 어느 날, 학교에서 하는 지역교류회 행사에 담임선생님이 4명의 학생에게 실행위원을 맡긴다. 말을 하지 않는 '준', 다른 사람에게 진심을 말하지 않는 '다쿠미', 중학교 시절 다쿠미의 여자친구였지만 자기 얘기를 하지 않는 다쿠미에게서 멀어져버린 모범생 '나츠키', 학교 야구선수 에이스였지만 부상으로 경기에 나가지 못하는 답답함에 투덜거리고 화만 내는 '다이키', 이렇게 네 사람은 담임 선생님의 지목을 받아 내키지 않는 모임을 시작한다.

준은 담임선생님께 편지로 사퇴의사를 전하러 가서 먼저 온 다쿠미가 악기를 만지다 즉석에서 노래를 지어 부르는 소리를 듣게 된다. "♪달걀에게 드리거라 이름다운 말을, ♫너의 말을 드리거라" 노랫소리에 끌리듯 듣고 있던 나루세는 평소 달걀에게 말을 주고 목소리를 잃었다고 생각해 깜짝 놀라고 담임 선생님이 나타나자 도망친다. 가슴이 두근거린다. 내 마음을 들킨 것일까? 그러나 다쿠미는 등교길에 사찰 앞에서 장

식된 달걀을 파는 아저씨에게 들은 얘기를 노래로 부른 것뿐이다.

집에서 자기도 모르게 멜로디를 흥얼거리던 준은 놀랍게도 노래할 때 배가 아프지 않다는 사실을 깨닫는다. 학교에서 음악교사인 담임 선생님이 뮤지컬을 권하면서 마음을 노래로 표현하면 감정을 더 잘 전달할 수 있다며 부추기자 대부분의 아이들은 불평을 하지만 준은 진지하게 고민한다. 그 모습을 본 다쿠미는 집에 가는 길에 준에게 묻는다. "혹시 뮤지컬이 하고 싶어?" 준은 깜짝 놀라 자기 마음을 읽을 수 있나 며 반문을 하고 처음으로 다쿠미에게 자기 얘기를 털어 놓는다. 핸드폰 문자로 하는 소통이지만 다쿠미는 준의 마음을 이해하게 된다. '내 수다로 부모님을 이혼하게 만든 벌이야' 자신이 저주에 걸려 말을 할 수 없게 되었다고 생각하는 준에게 노래는 저주와 상관없을지 모르니 노래로 마음을 전해보라고 조언을 한다.

준을 부끄럽게 여기는 엄마는 퇴근하다 누가 오면 없는 척하라고 했는데 마을회비를 내주러 문을 열고 나온 준을 나무란다. 뭔가 말하고 싶었지만 소리가 입밖으로 나오지 않는 답답함에 뛰쳐나간 준은 다쿠미에게 달려간다. 버스 안에서 문자를 보내 노래를 만들어 달라고 부탁하며 자기 얘기를 쏟아 놓는다. 다쿠미 앞에 나타나 아픈 배를 부여 잡고 말하려 애쓰다 쓰러지는 준을 다쿠미가 집으로 데려간다. 작곡은 어렵지만 있는 곡에 가사를 붙여보는 것은 할 수 있겠다며 다쿠미가 노래를 불러보자 준은 눈이 커지며 박수를 친다.

말없는 준 때문에 뮤지컬은 안된다던 다이키 앞에서 준은 '할 수 있다'고 노래를 불러 모두를 놀라게 한다. 준은 말을 잃은 소녀의 이야기를 글로 쓰고, 실행위원 네 사람은 학교 밖 식당에서 회의를 위해 만났는데 마침 야구부 아이들이 들어와 건너편 테이블에서 다이키 선배가 없으니 연습을 안 해서 좋다고 얘기하는 소리를 듣게 된다. 평소 연습에 엄격하고 터프한 운동선수인 다이키는 화가 나 후배들을 나무라다가 자기의 뒤를 이어 에이스 역할을 하고 있는 가즈하루의 거센 반발에 할 말을 잃는다. "선배야말로 연습에는 안 나오고 여자들이나 만나면서…. 맨날 잘난 척 잔소리만 하더니 에이스가 어쩌고 가증스럽다고요. 그 따위로 할 거면 아예 꺼져요!" 말문이 막힌 다이키 대신 준이 반박을 한다. "그만해! 꺼지라는 말 함부로 하지 말라고.. 말은 상처를 준단 말이야. 절대로 되돌릴 수 없어. 후회를 해도 절대…주워담을 수가 없어" 그리고 배가 아파 쓰러지는 준을 친구들은 병원으로 옮기고 엄마가 달려온다. "준, 대체 왜 그러니… 제발 그만 좀 해… 엄마 괴롭히고 싶어? 뭐라고 말을 해봐!…" 눈물을 흘리는 엄마 앞에서도 말이 안 나오는 준을 위해 다쿠미가 나서서 준을 변호한다. 준은 밝은 아이인데 말은 못해도 마음 속으로 많은 얘기를 하고 있다고, 오늘 배가 아픈 것도 친구를 위해 무리해서 그런 거라고, 준은 늘 노력한다고… 다쿠미의 변호에 준은 감동을 받는다.

준의 이야기를 담은 글을 읽고 마음이 움직인 나츠키와 다쿠미도 서로 진심을 이야기하게 된다. 중학교 때 심한 말을 해서 다쿠미에게 상처를 줬다고 생각한 나츠키의 사과를 들으며 다쿠미도 그 땐 자기도 여유가 없어서 말 못했노라고, 엄마가 떠난 후부터 속마음을 감춰왔노라고, 솔직히 말하려 애쓰는 준을 보고 응원하고 싶어졌다고 이야기한다. 그러나 이로 인해 나츠키는 다쿠미가 준을 좋아한다고 오해한다.

다이키는 자신의 부상으로 인해 대회 진출이 무산되어 기운 빠진 야구부 후배들에게 화만 내던 자신의 모습을 반성하게 된다. 준의 말을 듣고 마음이 움직인 다이키는 용기 있게 야구부 후배와 준에게 정식으로 사과를 하고 뮤지컬을 돕게 된다.

이렇게 의견을 모은 실행위원은 학급에 준의 글을 나눠주고 창작 뮤지컬을 하자고 한다. 처음에 아이들은 불평했지만 노력하는 준한테 감동했다는 다이키와 다쿠미의 솔직한 얘기와 같은 마음으로 최선을 다하겠다는 나츠키의 얘기에 다들 마음이 움직이고 긍정적인 반응이 하나 둘씩 나오자 분위기는 뒤바뀌어 뮤지컬을 하기로 하고 주인공도 준이 맡기로 한다.

안무와 연기, 무대와 의상 제작, 녹음과 내레이션 등 모두 역할을 나누어 착착 준비하고 준도 즐겁게 노력한다. 교류회 전날 마지막 리허설 후 짐을 정리하러 가는 나츠키에게 다쿠미는 말을 건다. 아직 다쿠미를 좋아하는데 다쿠미는 준을 좋아하는 줄 알고 자꾸 피하던 나츠키에게 왜 마음대로 생각하냐고 나는 딱히 준을 좋아하는 건 아니라고 하는데 그 말을 뒤따라오던 준이 듣게 된다. 상처를 입고 도망친 준은 갑자기 노래를 못하고 말문이 터진다. 공연날 나타나지 않는 준 때문에 얘기를 맞춰보다 그 이유를 알게 된 다쿠미는 자신이 책임을 지겠다며 준을 찾아 나서고 공연은 시작된다.

준을 찾아 헤매던 다쿠미는 모든 이야기의 시작인 성을 찾아간다. 몇 년 전에 문을 닫은 러브호텔로 가 어두운 방에 앉아있는 준을 찾아낸다. 모두에게 폐를 끼쳐서 돌아갈 수 없다고, 모두 자기 때문이고 저주 탓이라며 자포자기 상태인 준에게 다쿠미는 저주는 없다고 하지만 저주가 맞다, 저주여야 한다고 우기는 준. 다쿠미는 상처 줘도 괜찮으니 계속 얘기를 하라고 하자 준은 솔직한 속마음을 다 쏟아 놓는다. 준의 말을 다 수긍하고 수용하는 다쿠미는 준 덕분에 자신이 달라졌다는 것을 인정하는 말을 하고 준은 '나 때문에'가 아니라 '나 덕분에'라는 말에 놀라며 생각이 바뀐다. 마지막으로 준이 좋아한다고 고백했을 때 다쿠미는 고맙지만 다른 사람을 좋아한다고 솔직하게 얘기를 하고 준도 아프지만 잘 받아들인다. 두 사람은 공연을 하러 가고 뮤지컬에는 언제나 기적이 일어난다는 담임선생님의 믿음처럼 주인공의 마음이 말을 하는 장면에서 준이 노래를 부르며 등장해 자연스럽게 마무리한다.

준의 불안에 영향을 미친 요인

하나, 주인공 준은 부모의 이혼이 자기 탓이라고 생각한다. 뭐가 문제인지도 모를 때, 엄마는 말하지 말라고 하고 아빠는 떠나며 준의 수다 탓을 했다. 그 후 자신이 말을 하면 모든 것을 망쳐버릴 것 같은 두려움에 사로잡혀 스스로에게 벌을 줌으로써 준은 죄책감을 끌어안고 살아간다. 무대에서 노래를 부르는 준은 마음을 담아 미안하다고 노래하면서 엄마를 바라본다. 엄마를 보며 울먹이는 준을 보는 엄마는 비로소 준의 마음을 알게 된다. 달걀 요정은 준의 상상에서 비롯된 것으로 마지막에 준은 달걀이 바로 자신이고 스스로 껍데기 속에 자신을 가두었음을 깨닫는다.

둘, 준을 드러내지 않으려는 엄마의 억압이다. 아빠가 떠난 후 엄마와 단 둘이 살아가는데 엄마는 보험 일을 하면서 많은 동네 사람들을 만난다. 말을 못하는 아이라고 사람들이 수군거린다고 생각한 엄마는 준에게 누군가 벨을 누르면 아무도 없는 척하라고 시킨다. 이는 준에게 감정을 더 숨기고, 말하지 말고 존재를 드러내지 말라는 메시지를 주면서 준의 증세를 더 강화하였을 것이다.

셋, 말로 부모에게 상처를 주어 돌이킬 수 없게 되었다는 준의 절망감이다. 원래 꿈이 많고 밝았던 준을 눌러버린 절망감은 다시 회복될 수 없는 가정에 대한 불가능한 소망과도 같다. 아이들에게 부모의 이혼이 미치는 영향력 중에 가장 무겁고 큰 것일 수 있다. 유년기 아이들에게 가정은 세상이자 우주 그 자체이기 때문에 어린 아이들에게 깨어진 가정은 기도를 드려도 이루어지지 않기에 깊은 절망감을 줄 수 있다.

준과 다이키의 불안 증상

1. 준은 언제나 말이 없고 눈을 피한다. 집에서도 학교에서도 누구와도 마음을 통하지 않고 가벼운 대화도 주고받지 않는다. 엄마의 이야기도 듣기만 한다. 늘 고개를 숙이고 눈에 띄지 않으려 한다. 어쩌다 소리를 내면 자신에게 집중되는 시선에 놀라 도망친다.

2. 준은 말을 하면 배가 아프다. 부모의 이혼에 대해 자신을 벌주려는 마음, 자학하는 마음이 신체화 증상으로 나타난다. 자신이 믿고 있는 대로 오랫동안 신체화 증상을 갖고 살아간다. 이로 인해 하고 싶은 이야기는 언제나 억압하고 들키지 않으려고 애를 쓴다.

3. 다이키는 부상으로 시합에 나가지 못하게 되자 불안한 마음을 감출 수 없어 후배들을 다그치고 화를 내는 등 부정적인 태도로 부정적인 분위기를 만들어 불만과 원성을 산다. 불안하고 겁이 많은 강아지가 큰 소리로 짖듯이 사람도 불안과 두려움을 오히려 공격적인 에너지로 표출하는 경우가 있다. 자기보다 약자에게만 이런 모습을 보인다면 불안과 두려움으로 인한 증상이라고 이해하자. 자기를 아프게 하거나 다른 사람을 아프게 하는 증상 모두 건강하지 않은 모습으로 긍정적인 해결책으로 연결되지 않는다.

준의 변화 과정

주인공 준이 병원에서 치료를 받거나 하는 모습은 나오지 않는다. 아마도 아이가 말이 없고 조용하다고 생각할 뿐 병원에서 치료받아야 할 병이라고는 생각하지 않을 수 있다. 엄마는 준이 말 못하는 아이라는 주위 사람들의 수군거림이 신경쓰이기는 하지만 이혼 후 생계를 책임지고 있어 늘 바쁜데다 어렸을 때는 말을 잘 했기 때문에 병이라고 생각하지는 않았을 것이다. 영화의 결말에서 준은 결국 말도 하고 노래도 할 수 있는 상태가 되어 선택적 함구증을 극복했다고 볼 수 있는데 오랜 시간에 걸쳐 주위 사람들의 노력과 함께 자신의 의지와 상황 속에서 성찰이 일어나 자신을 가둔 껍데기를 깨고 나옴으로써 이루어졌다. 병원의 치료가 아닌 주의 사람들의 지원은 매우 중요한 환경적 요인이 되는데 의료적 치료가 필요 없다는 뜻이 아니라 모든 것이 합력하여 좋은 결과가 나올 수 있다는 것을 시사하는 것이다. 따라서 여기서는 의료적 치료를 제외하고 이 영화에 묘사된 치료적 효과를 가져온 요인들을 중심으로 살펴보자.

1. 자신을 드러낼 기회

준은 담임 선생님의 의도적인 선택으로 실행위원을 맡게 되어 자기 의견을 피력할 기회와 무언가를 창의적으로 만들고 다른 실행위원들과 소통할 기회를 얻게 되었다. 이 세가지 기회는 선택적 함구증을 가진 준에게는 두렵고 불안한 요소들이지만 준의 마음 속 깊은 곳에서는 자기 얘기를 하고 싶고 자기 마음을 전하고 싶은 욕구가 있었기에 그걸 표출할 장이 만들어지자 처음엔 피하고 싶었던 준도 결국 그 기회에 끌리는 마음을 느끼고 거부하지 않았던 것이다.

준의 마음은 말이 아닌 이러한 소통을 통하여 전달되었다.

2. 수용 받는 경험

아무 말도 하지 않고 지내던 준은 교류회 준비를 하면서 자신이 쓴 이야기로 뮤지컬이 만들어지자 자신을 조금씩 드러낼 때마다 친구들 사이에서 안전하고 따뜻하게 수용 받는 느낌을 받게 된다. 처음부터 준이 주인공을 맡는 것을 모두가 당연하게 생각하고 이것은 엄청난 지지가 되어 준은 주인공을 맡을 용기를 낼 수 있게 된다. 당연하다는 듯 '준이 주인공 아니야?'라는 말은 준이 당연히 할 수 있으리라는 강력한 믿음이 받침이 되기 때문이다. 자신을 그토록 믿어주는 친구들 앞에서는 준도 용기를 낼 수 있었던 것이다. 뮤지컬 준비를 하던 한 달여 기간 동안 준이 쓴 내용은 다쿠미에 의해 아름다운 노래로 표현되었을 뿐만 아니라 글 속에서 소중한 마음을 느끼고 공감하는 것으로 준의 마음은 수용받는다.

3. 새로운 확언

자신은 문제를 일으키는 아이라는 자책과 '나 때문에'라는 신념에 사로잡혀 있던 준의 자아 의식을 바꿔준 것은 다쿠미의 말이다. '준은 밝은 아이예요' 이 말은 준의 자아 의식에 금이 가게 하였다. 그리고 '준

덕분에 나도 마음을 얘기할 용기를 낼 수 있었어'라는 말은 '나 때문에'를 '나 덕분에'로 바꿔주었다. 자신에 대한 표현을 긍정적인 언어로 바꿀 수 있다면 뇌에서는 변화가 일어나 불안을 극복할 수 있게 된다.

4. 내러티브의 치유

이야기 심리학 기반의 내러티브 치료나 내러티브의 코칭의 효과가 있었던 것은 바로 뮤지컬의 스토리를 준이 자기 이야기로 써서 드러냈다는 것이다. 다시 노래로 만드는 과정에서 또 공연을 위해 춤과 대사로 만들어 연습하면서 친구들과 상호작용을 통해 준은 스스로 성찰을 하게 된다. 그래서 소녀가 처형당하는 결말을 해피엔딩으로 바꾸고 싶어 한다. 다쿠미는 두가지 결말을 모두 준의 이야기로 수용하고 재해석하여 두가지 노래를 동시에 부르는 놀라운 결말을 만들어 준의 이야기를 빠짐없이 모두에게 들려준다. 과거와 현재를 재해석하고 경험과 자기 자신을 다른 관점으로 바라보게 되면 치유가 일어난다. 미안하다고 말하며 용서를 구할 수 있는 용기도 이러한 치유와 함께 오는 것이다.

5. 다쿠미의 경청과 수용

다쿠미는 처음부터 준을 응원해왔지만 공연장으로 준을 데려가기 위해 성으로 찾아가 만나서 준의 상처받은 마음을 모른척하지 않고, 무작정 데려가려고 하지 않고 준의 이야기를 들어준다. 상처주는 말이라도 괜찮으니 속마음을 얘기하라고 하자 준은 '이제부터 상처 줄거야'라고 하며 심한 말을 쏟아낸다.

생각해 볼 주제 대사

1. 자기 속마음을 고백하는 다이키

"나도 말하고 싶었어 다음에는 꼭 전국대회까지 가자고. 근데 또 실패하면 기대하게 만든 만큼 상처를 주겠지.. 그렇게 생각하니까 도저히 말할 수 없었어"

2. 다이키의 고백을 듣고 난 후 다쿠미가 깨닫게 된 것

"사람 마음은 하나가 아니다, 좋고 싫은 것도 100%가 아니다. 뭐든 100% 온전히 나쁜 것은 없는 것 같아."

3. 다이키의 후배들에게 소리치는 준

"꺼지라는 말 함부로 하지 말라고, 말은 상처를 준단 말이야. 절대로 되돌릴 수 없어. 후회해도 주워담을 수 없어"

4. 나루세 준의 대본에 있는 글에 공감하는 니토

"가장 무거운 죄는 말로 상처를 주는 거란 얘기… 내가 여친이라고 말할 용기가 없었지. 미안해"

5. 다쿠미의 고백

"그 애 마음을 모르는 건 아니야. 나도 말하고 싶은데 말 못하는 게 있으니까."

"엄마가 떠난 후부터 속마음을 감춰왔었어. 근데 솔직히 말하려고 애쓰는 나루세를 보면서 나도 모르게 그 애를 응원하고 싶어졌다랄까.."

6. 준을 위해 변명해주는 다쿠미의 말을 들은 후 엄마의 깨달음

"친구가 있었구나…"

7. 아이들의 결정을 들은 담임 선생님

"결정을 내렸다니 기쁘구나… 동서고금을 막론하고 뮤지컬에는 기적이 따랐거든"

8. 다이키의 용기있는 사과

"준, 심하게 말했던 거 사과할게."

9. 교류회에서 뮤지컬하자는 말에 반발하는 반 아이들에게 솔직한 마음을 얘기하는 다이키

"그런데 노력하는 준한테 감동했거든. 그래서 하려는 거야."

10. 다쿠미의 설득

"나루세가 진심을 전하고 싶다면서 이야기를 만들었어. 나는 지금껏 진지하게 뭔가 해본적이 없어서 고교 생활에서 마지막으로 한 번쯤 진지한 녀석을 믿어보면 재미있지 않을까 싶었지"

11. 나츠키의 오해를 마주한 다쿠미

"그렇구나. 모르는구나. 생각하고 있는 것을 제대로 말하지 않으면…"

12. 준의 속마음

'잃어버린 말들이 외칩니다. 사랑한다고.'

13. 다쿠미에게 용기있게 고백하는 준

"하고싶은 말이 더 있어. 나 사카가미가 좋아."

14. 마지막 노래로 엄마에게 진심을 전달하는 준

"미안해, 미안해요."

🎞️ 마음 코칭 1 - 정화적 접근

나의 감정, 나의 생각

　노래를 하면 배가 아프지 않다는 것을 깨달았을 때 준은 뮤지컬을 할 용기를 낼 수 있었다. 하고 싶었던 수많은 말들을 가득 안고 있었던 준은 노래로 자기 감정을 표현하고 싶었다. 영화 속 네 명의 주인공은 모두 감정이나 생각을 표현하는 데 서툴렀고 표현했을 때 상처를 받아 자기 탓이라는 죄책감을 안고 살아왔다. 억누르고 억압한 감정은 건강하지 못한 심리를 만든다. 생각이 건강하지 못하면 인지왜곡이나 오류에 빠지기도 하는데 이것이 사고의 패턴이 되어 원하지 않아도 생각이 왜곡된 방향으로 자동적으로 달려가게 된다.

　그러면 어떻게 표현해야 건강한 마음과 생각으로 살 수 있을까? 어떻게 부정적 사고의 고리를 끊고 긍정적인 심리와 사고로 전환할 수 있을까? 영화처럼 드라마틱하게 내 삶이 변하는 계기가 없다면 현실 속에서 감정과 생각을 잘 들여다보면서 마음을 돌보는 것이 좋다.

정리하기

Q1. 주인공이 모습에서 자신이 느끼는 어떤 감정이 느껴지나요?

Q2. 무엇이 그러한 감정을 느끼도록 하나요?

Q3. 말을 하고 싶지 않을 때 어떤 생각이 드나요?

Q4. 당신의 생각을 판단하지 않고 다 이해해주기를 바라는 사람이 있나요?

마음 코칭 2 - 지시적 접근

모델링

좋은 모델	나쁜 모델
학생들의 문제를 파악하고 스스로 표현하도록 뒤에서 지지해주는 담임 선생님 – 다쿠미의 노래 소리를 듣고 음악에 재능이 있음을 알아차리고 교류회 준비로 뮤지컬을 권한다. – 다소 거칠고 버릇없는 타사키 다이키나 말을 못하는 나루세 준이나 여유 있게 포용하는 모습을 보인다.	준을 이해하지 못하고 사람들 앞에 숨기고 드러내지 않으려는 엄마의 모습 – 준을 책임지고 생계를 위해 일하며 열심히 살지만 준을 답답해하며 때로 화를 낸다. – 사람들에게 준이 수다스럽고 밝은 아이라고 거짓말한디.

용기를 내는 아이들의 모습

– 실행위원들의 설득을 수용하여 각자 역할을 맡아 함께 노력하는 반 전체의 모습은 서로에게 지지하는 힘이 된다.
– 준은 뮤지컬을 하기로 결정하고 말을 못하는 상태에서도 주인공을 맡겠다고 손을 번쩍 든다.
– 나루세 준의 용기는 반 전체 아이들에게 긍정적인 분위기를 만들어 모두가 용기를 내게 만든다.
– 다쿠미에게 자기 얘기를 털어놓는 준

다쿠미의 조부모

– 아이들을 지지하는 좋은 어른의 본을 보여준다.
– 준의 엄마가 공연에서 준의 모습을 못 견디고 떠나려고 할 때 옆에서 붙잡는데 열심히 노력한 아이들을 위해 어른이 마땅히 해야 할 일을 알려주고 나무라거나 평가하지 않는다.

생각 없는 말들을 뒤에서 쏟아내는 아이들

"중요한 때에 팔꿈치나 다친 폐품 주제에 뭘 그렇게 잘났다고 떠드는 건지, 매일 얼굴만 내밀고 불평이나 늘어놓다니..."
– 앞에서 말할 용기는 없고 뒷담화하면서 다른 사람의 동조를 구한다. 불평을 하면서 정작 다른 아이에게 네가 나서서 말해보라고 떠미는 비겁한 행동이다.

자기 불안을 극복하지 못하고 후배들에게 화를 내거나 윽박지르는 나이키의 모습

– 말을 안 하는 소극적인 태도도 좋지 않지만 다이키의 경우는 그와 반대로 자신의 불안한 마음을 후배들에게 큰 소리로 다그치거나 열심히 하지 않는다고 비난하는 모습을 보인다. 나중에 고개를 숙이고 사과해야 하는 잘못된 태도다. 사과는 용기가 필요한 성숙한 행동인데 지위와 힘을 이용해 권위적인 태도로 이러한 행동을 하는 사람들은 사과를 잘 못한다. (다이키의 경우는 나중에 변화를 보이지만) 어른이 이렇게 행동한다면 가까운 사람들 특히 가족에게 큰 상처와 부정적 영향을 미칠 수 있는 행동이다.

1. 코칭 포인트: 변화를 위해 시도했던 경험을 성찰해 봅시다. 좋은 결과가 있었거나 잘 되지 않았던 모든 시도를 적어 놓고 한 걸음 뒤로 물러서서 바라봅니다. 내 힘으로 바꿀 수 없는 것이 떠오른다면 스스로 할 수 있는 것에 초점을 두고 다시 생각해 봅니다. 내가 바꿀 수 있는 첫번째는 바로 자기 자신입니다.

2. 코칭 포인트: 영화 속 좋은 모델에서 내가 취할 수 있는 부분은 무엇인가요? 나의 상황에 맞게 적용해 봅시다.

정리하기

Q1. 이외에 자신이 생각하는 좋은 모델이 있다면 어떤 모습인지 적어봅니다.

Q2. 좋은 모델의 행동과 비슷하게 행동했던 적이 있었다면 어떤 경우, 어떤 행동이었나요?

Q3. 자신과 비슷하다고 생각되는 등장인물이 있다면 누구이며 어떤 점이 그렇게 느껴졌을까요?

Q4. 등장인물에게 해주고 싶은 말이 있나요?

Q5. 혹시 자신에게서 바꾸고 싶은 부분이 있다면 어떤 부분이고 그 이유는 무엇인가요?

Q6. 바꾸기 위해 할 수 있는 방법엔 어떤 것들이 있을까요?

🎥 마음 코칭 3 - 연상적 접근

영화 속 상징과 은유

달걀(玉子 : たまご)**과 왕자**(王子 : おうじ) 는 일본어 한자 표기에서 점 하나만 다르다. 부모님의 이혼 후 혼자 숲길 계단에 고개를 숙이고 앉은 준의 머리에서 달걀이 굴러 나온다. 달걀은 옆에 있는 점을 숨기면서 자기가 왕자라고 한다. 달걀은 준에게 말을 잘못하면 흰자와 노른자가 모두 섞여서 스크램블이 된다고 경고한다.

달걀은 여러 상징적 의미를 갖고 있다. 하나의 생명이 껍질을 깨고 나오는 것으로 기독교에서는 부활을 상징하고 헤르만 헤세의 데미안에서 하나의 '세계', '삶', '자아'의 상징으로 쓰이는 등 대부분의 종교와 문화에서 생명의 상징으로 자리잡고 있다.

이 영화에서는 자신의 말로 모든 상황이 엉망이 될까 봐 두려워하는 준의 마음을 상징한다. 나중에 뮤지컬 공연 후에 준은 스스로 깨닫는다. 자신이 달걀을 만들고 그 껍질 속에 자기를 가두었다는 것을…

1. 코칭 포인트: 스스로 껍질을 만들어 그 안에 숨어있는 것은 아닌지 자신을 돌아봅시다. 깨질까 봐 두려운 나의 껍질은 무엇일까요?

왕자는 어린 소녀가 꿈꾸는 일반적인 동경의 대상으로 일종의 환상인데 성처럼 생긴 모텔에서 아빠가 나오자 왕자라고 생각했다가 부모가 이혼하는 아픔을 겪으며 환상이 깨진다. 또 호의를 가지고 준을 응원하는 마음으로 지지하는 행동을 보여준 다쿠미에게도 동경과 사랑의 감정을 느끼지만 준을 이성으로 생각하지 않는 다쿠미의 거절을 아프지만 받아들이면서 준은 한층 성장한다.

성은 현실과 동떨어진 환상의 장소이다. 막연히 무도회를 꿈꿨던 어린 준은 발을 잃은 시간 동안 죄인들의 무도회가 열리는 공간으로 생각을 바꿔버린다. 준의 마음에 어둠이 깃들어 이미 무도회는 죄인들의 처형장이 되어 버린다. 끝도 없이 춤을 추는 형벌을 받고 있다고 생각하면 춤도, 아름다운 드레스나 파티도 모두 즐겁지 않고 무서운 것이 된다.

2. 코칭 포인트: 나의 환상을 점검해 봅시다. 어린 시절의 아름다운 환상이 깨져서 충격을 받았던 경험이 있다면 자기의 생각을 구체적으로 적어보세요. 성장하면서 그에 대한 생각이 바뀌었나요? 어떻게 다시 긍정적이고 아름다운 표현으로 바꿀 수 있을까요?

오버 더 레인보우 Over the rainbow는 뮤지컬에서 마지막 엔딩 곡으로 준의 마음을 담은 노래다. 1939년 뮤지컬 영화 「오즈의 마법사」에 삽입된 명곡으로 원작의 캐릭터와 이 영화의 캐릭터는 비슷한 점을 갖고 있다. 따라서 가사를 바꾸었지만 노래는 원작을 연상시켜 캐릭터를 투사하였다.

네 친구는 각각 영화 「오즈의 마법사」 속 주인공 넷을 상징한다. 나루세 준은 주인공 소녀 도로시, 니토는 뇌가 없는 허수아비, 다쿠미는 마음이 없는 양철 나무꾼, 다이키는 겁쟁이 사자이다. 오즈의 마법사는 담임 선생님이 학생들에게 동기부여를 하려고 의도적으로 보여주는 뮤지컬이자 주인공들의 모습과 특징을 은유적으로 보여주기 위한 복선이다. 오즈의 마법사의 주인공들을 이해하면 이 영화 속 주인공들을 이해하기가 쉬워진다. 결말에 가면 모두 자신이 원하던 것이 자기 안에 이미 있었으며 함께 뮤지컬을 만드는 과정에서 자기를 직면하고 깨달음과 변화하고자 하는 노력을 통해 한층 성장하고 문제에서 벗어나 자유한 모습을 보여준다.

3. 코칭 포인트: 자신과 비슷한 캐릭터가 있다면 어떤 모습에서 그렇게 느꼈는지 적어 보세요. 그 모습이 좋은가요? 아니면 싫은가요? 자신에게서 무엇이 발견되는지 적습니다. 그렇게 발견한 자기 모습은 어떤가요?

정리하기

Q1. 영화를 보고 어떤 느낌이 들었나요?

Q2. 눈을 감고 영화를 다시 생각하면 머리 속에 떠오르는 어떤 이미지가 있나요?

4장 마이크가 두려운 왕
<킹스 스피치 The King's Speech>

개요: 드라마 | 영국 | 118분 | 2010

감독: 톰 후퍼Tom Hooper

출연: 콜린 퍼스Colin Firth(조지 6세 버티 역), 제프리 러시Jeffrey Rush(라이
오넬 로그역)

등급: 12세 관람가

때는 2차 세계대전이 발발한 1939년, 불안한 정세의 영국은 국민을 안심시키고 단합하게 할 카리스마 있는 국왕을 필요로 하는데 왕위 1순위였던 첫째 왕자 데이비드David는 유부녀 심슨Simpson 부인과 사랑에 빠져 세기의 스캔들을 일으키고 스스로 왕위를 포기한다. 덕분에 본의 아니게 막중한 책임과 부담감으로 왕위를 물려받게 된 2순위 왕자 요크 공작Duke of York 버티Bertie(콜린 퍼스 분)의 이야기이다.

군주로서 역량도 있고, 성품 좋은 아내 엘리자베스Elizabeth(헬레나 본햄 카터 분)와 사랑스러운 두 딸, 궁정 신하들까지 자기를 지지해주는 부족함이 없어 보이는 그에게 치명적인 결함이 있었다. 자주 방송에서 연설을 해야 하는 그는 평소에도 말을 더듬지만 마이크 앞에만 서면 더

심하게 말을 더듬는 증세가 있었다. 유명하다는 의사와 온갖 치료 방법을 다 써도 차도가 없어 버티가 치료를 포기한 어느날 엘리자베스는 언어치료사 협회에서 남다른 언어치료사 라이오넬 로그Lional Logue(제프리 러시 분)를 소개받고 치료실을 찾아간다. 공작 부인임을 못 알아본 라이오넬에게 남편이 치료가 필요한데 치료실로는 못 온다고 하자 라이오넬은 여기선 자기 방식을 따라야 한다며 굽히지 않는다. 할 수 없이 남편이 요크 공작임을 밝히고 호주식 치료법에 우려를 표하자 '효과를 보시려면 저를 믿고 따라야 해요'라며 상담은 예외 없이 치료실에서만 한다고 다시 한번 주지시킨다. 엘리자베스는 자신감 넘치는 그가 마음에 들었는지 치료를 시작하자고 한다.

첫 만남에서 버티는 심하게 말을 더듬고, 이름을 부르는 걸 선호하는 라이오넬은 격식을 갖추길 원하는 요크 공작을 당황하게 만든다. 동등한 관계를 원하는 라이오넬이 버티라고 부르면 어떠냐고 묻자 그 이름은 가족만 쓴다며 불편한 기색을 내비치지만 그는 잘 됐다며 상담을 이어간다. 언제 처음 증세가 생겼냐고 묻자 사생활 상담하러 왔냐며 소리를 치는 버티, 격앙된 어조로 자기는 날 때부터 말더듬이였다고 하지만 날 때부터 더듬는 사람은 없다며 언세 시작되었는지 다시 묻는다. 네다섯살 때쯤이라고 들었다며 기억은 잘 나지 않는다고 다시 대답한다. 생각할 때나 중얼거릴 때도 더듬냐고 물어보자 당연히 아니라고 하는 버티에게 라이오넬은 전형적인 말더듬 증상이라며 오늘 바로 고칠 수 있다고 한다. 고치면 질문에 답을 하라고 하자 내기엔 돈을 걸어야 하지 않냐고 묻는 버티에게 재미삼아 1실링씩 걸자고 하지만 버티는 돈을 가지고 다니지 않는다. 라이오넬은 1실링을 꿔주고 셰익스피어의 햄릿을 건네주며 읽으라고 한다. 모든 방법이 불편한 버티는 두 줄을 겨우 읽고는 포기하는데 라이오넬은 목소리를 녹음해서 들려주겠다며 녹음기와 함께 음악을 틀어 헤드폰을 쓰라고 건넨다. 자기 목소리를 듣지 않고 음악을 들으며 책을 읽다가 못해! 안 해! 하며 헤드폰을 벗는 버티에게 아주 유창했다고 말하지만 녹음된 레코드를 들어보는 것도 거절하고 이 방법은 자신과 맞지 않는 것 같다며 나가려는 버티에게 레코드를 기념품으로 주고 그를 보낸다.

아버지 조지 5세 국왕은 성탄절 담화 방송 후, 유부녀와 열애중인 형은 내가 죽으면 1년 안에 나라를 말아먹을 거라며 히틀러와 스탈린이 온 유럽을 집어 삼키는데 누가 우리를 지키겠냐고, 네가 해야 한다며 버티를 다그친다. 더듬거리며 연설문을 읽어보던 버티는 그날 밤 라이오넬이 준 레코드를 들어본다. 놀랍게도 전혀 더듬지 않고 유창하게 읽는 버티의 목소리가 흘러나온다. 뒤에서 엘리자베스도 놀란 눈으로 듣고 있었다. 다시 라이오넬의 치료실을 찾은 버티는 사생활 얘기는 빼고 치료만 하자고 하며 연설하는 데 필요한 기술만 가르쳐 달라고 한다. 이런저런 새로운 방법으로 훈련하는 데 차츰 익숙해지며 연설도 자세히 연습을 해 기억을 해가며 노력하는데, 시간은 흘러 국왕의 상태가 더욱 위중해져 곧 임종이 닥친다. 국왕 서거 후 곧바로 첫째 왕자 데이비드는 '폐하' 소리를 듣자 비장하게 아버지 같은 좋은 왕이 되겠다고 하지만 곧 울음을 터뜨린 그는 이제 자기는 갇혔다면서 등을 돌린다.

국왕의 부음을 전하는 뉴스를 듣다가 아들들과 연극 대사 맞추기를 하던 라이오넬에게 불쑥 버티가 찾아온다. 하루 한 시간씩 연습한다며 미소를 보이다 독한 술은 없냐고 묻자 라이오넬은 함께 술 한잔을 나눈다. 버티 배짱이 형제들 다 합친 것 보다 낫다던 선왕의 마지막 말씀을 전해들었다며 어색하게 웃던 버티는 탁자 위에 있던 비행기 모형 장난감을 보자 어릴 때 이런 거 만들기를 좋아했는데 아버지는 당신처럼 우표나 모으라고 했다며 자연스럽게 어린 시절 이야기를 꺼낸다. 형 얘기를 꺼내는데 다시 말을 더듬기 시작하자 라이오넬은 노래로 해보라고 한다. 싫다고 계속 거절하지만 라이오넬은 이런 저런 노래로 시범을 보이고 왕위 서열 얘기를 꺼내자 버티는 스스로 노래를 부르기 시작한다. 노래로 이야기를 하면 더듬지 않는 버티, 형과 매우 친했고 궁내 집사에게 연애기술도 함께 전수받곤 하던 어린 시절을 이야기하는 버티에게 형이 놀렸는지, 원래 오른손잡이였는지 질문해서 버티의 상처를 끄집어낸다. 억지로 왼손잡이와 안짱다리도 교정당한 이야기, 가족 중 누구와 제일 친하냐는 질문에 버티는 유모들이라고 하면서 형만 좋아했던 첫번째 유모에게 3년이나 괴롭힘 당한 이야기도 한다. 밥을 주지 않고 가버리곤 했는데 3년이나 지나서 부모님이 아셨고 그로 인해 생긴 위장병은 지금까지도 있고, 착한 동생 존은 간질 때문에 13세로 죽을 때까지 숨어 지내야 했던 아픔까지 쏟아 놓는다.

국왕이자 교회의 수장이 두번이나 이혼한 미국여자와 결혼하려 하자 총리 사무실에서 난감한 기색을 내비친다. 내각의 권고를 무시하려면 퇴위해야 한다고 아니면 내각이 총사퇴를 할 수밖에 없다고 강경한 입장을 취하는데 버티는 정부가 없는 나라가 어디 있냐고 반문한다. 국왕의 사생활은 언론에 오르내리며 시끄럽지만 정작 왕이 된 데이비드는 심슨 부인과 파티를 즐기고 정무를 돌보지 않는다. 초대받아 간 파티에서 심슨과 결혼하겠다는 형에게 화를 내 보지만 형은 버티의 말더듬을 놀리고 민심을 얻어 왕 자리를 노리는 것이냐며 그에게 면박을 주는데, 형 앞에선 더 심하게 말을 더듬고 하고 싶은 말 한 마디를 하지 못한다. 라이오넬은 그 이야기를 듣고 욕을 하게 한다. 욕을 할 땐 말을 더듬지 않고 실컷 욕을 한 버티에게 이것도 당신의 일면이라고 말해주며 버티를 데리고 산책을 나간다. 산책길을 걸으며 왜 화가 났는지 묻는다. 형 얘기가 계속 나오자 버티는 무슨 수를 써서든 형의 퇴위는 막겠다고 한다. 자기는 형 대신이 아니라며 왕위에 대한 얘기는 반역이라고 화를 낸다. 라이오넬이 버티에게 자질이 있다, 형을 능가할 수도 있다고 하자 버티는 더욱 화를 내고 라이오넬을 모욕하며 떠나버린다.

라이오넬의 아내는 여느 때와 다른 남편의 태도에 뭔가 불편한 마음이 있는지 눈치채고 고객과 무슨 일이 있었는지 묻는다. 아내와의 대화에서 자신이 선을 넘었음을 깨닫고 버티를 찾아가지만 만나주지 않는다. 의회에서는 국왕의 결혼을 인정할 수 없고 국정 수행 의지도 없는 것 같다며 특히 독일과 전쟁이 일어난다면 어떤 입장을 취할지도 모호하다는 이유로 버티를 종용한다. 왕 이름으로 조지 6세가 어떠냐고 대놓고 묻는 처칠 앞에서 버티는 아무 말도 할 수가 없다. 곧이어 데이비드는 결혼을 위해 왕위를 포기한다. 왕위 계승 문서에 서명을 하고, 대국민 방송에서 공표를 하고, 버티는 가장 어려운 시기에 국왕으로 즉위한다. 무거운 중압감으로 의회 연설을 하고 돌아오자 두 딸들이 '폐하'라고 부르며 예의를 갖춘다. 공문서를 익히려고 훑어 보다 대관식 절차 서류를 보고 감정이 북받쳐 자기는 왕이 아니라 불량품 꼭두각시라며 아내 앞에서 울음을 터뜨린다.

대관식 전 버티가 아내와 함께 라이오넬의 집에 찾아온다. 미리 차를 준비하고 가족들을 내보낸 라이오넬이 국왕부부에게 문을 열어주자 "왕 사과 받으려다 목빠지는 수가 있소"하며 들어온다. 벽난로 앞에 둘이 앉아 버티는 라이오넬에게 1실링을 갚으며 전에 그가 하려던 말 이해한다고 하자 라이오넬은 자신이 주제넘었다며 사과를 한다. 버티는 다들 라디오 들으며 묵념하게 생겨서 왔다면서 자신이 실패하면 형과 비교될 것이고 아버지처럼 성탄절 담화도 못했던 것 등에 대한 무거운 마음을 고백한다. 아버지 얼굴이 있는 동전은 주머니에 두지 말고 남 줘버리고, 이제 당당한 성인이니 다섯 살 때 형을 겁냈던 마음도 그만 끝내라고 라이오넬은 격려한다.

버티는 대관식 준비가 한창인 교회에 라이오넬을 데리러 대주교에게 라이오넬을 소개하고, 왕의 가족석에 라이오넬 자리를 마련하라고 한다. 그리고 연설 연습을 위해 모두 자리를 비워달라 요구하자 대주교는 저녁에 비우겠다고 하지만 탐탁치 않은 기색이다. 저녁에 연습을 시작하려 하는데 왕은 방금 전해들은 이야기를 한다. 라이오넬이 교육도 받지 않았고, 학위도 면허도 없다는 것을 알게 되었다고…. "제 뒷조사를 하셨군요" 라며 라이오넬은 자신이 호주에서 어떻게 언어치료를 시작하게 되었는지 얘기한다.

1차 세계대전후 호주로 돌아온 병사들이 후유증으로 말을 더듬었는데 연기를 하고 시낭송도 하고 웅변을 가르치기도 했던 라이오넬에게 누군가 그들을 도와줄 것을 부탁했다. 근육치료, 운동과 휴식을 했지만 그것으론 부족했다. 그들의 두려움에 찬 절규를 듣는 사람이 없었던 것이다. 라이오넬은 그들의 이야기를 들어주고 자신감을 주며 그들이 자기의 목소리를 찾도록 도왔다고 하며 반문한다. "그게 어떤 건지는 당신도 알죠 버티?"

그러나 왕은 "자신을 과대평가하는군" 이라고 하며 모두들 자기를 추궁해도 당신 편을 들었는데 당신은 학위도 없었다며 배신감을 표현한다. 그러나 라이오넬은 교육을 받지 않았으니 학위는 없지만 경험과 전쟁을 통해 배웠다. 버티는 전쟁을 앞둔 벙어리 왕을 속이고 실망시켰다며, 가망도 없는 자신을 고친다고 선동을 했다며 자신은 조지 3세처럼 미쳐서 백성을 도탄에 빠뜨릴거라고 비관적으로 얘기하다 뒤돌아보니 라이오넬이 옥좌에 앉아있다. 감히 어딜 앉냐고 당장 일어나라고 소리를 치지만 "왜요? 그냥 의자인데? 낙서투성이구만…"하면서 그는 능청스럽게 받아치며 버티의 말은 듣지도 않는다. 버티는 내 말을 들으라며 나는 당신 왕이라고 소리를 높이지만, "왕 자리 싫다면서요, 근데 왜 당신 말을 듣죠?"라며 도전하는 라이오넬에게 "나는 말을 할 줄 아는 왕이니까!"라며 큰 소리를 친다. "맞아요"하며 옥좌에서 일어난 라이오넬은 그제서야 진지하게 "내가 아는 가장 용감한 분이세요. 당신은 좋은 왕이 될 겁니다" 라고 한다. 큰 소리에 달려온 대주교가 학위를 가진 영국인 치료사를 구했다며 로그씨는 그만 하셔도 된다, 군주의 자리는 개인보다 중하니 권고를 따르시라고 하지만 버티는 "군주는 나요."라고 하며 굽히지 않는다.

　대관식이 끝나고 국왕은 가족과 함께 촬영된 영상을 본다. 영상이 끝나자 나치 정당대회 영상이 이어서 나오는데 버티는 히틀러의 모습을 유심히 본다. 2차 세계대전의 발발로 현직 총리가 사퇴하게 되면서 이 위기가 국왕의 시험무대가 될 것이라는 말을 남기고 떠난다. 독일의 폴란드 침공에 대해 영국은 독일군의 철수를 요구했으나 듣지 않아 전쟁을 선포하게 된다. 이에 대국민 연설을 준비하는 조지 6세는 라이오넬을 부르고, 아들과 궁으로 향하는 라이오넬은 사람들이 방공호로

피신하는 긴박한 모습들을 보며 거리를 지나 방송 40분 전에 궁에 도착한다.

그 어느 때보다 더 긴장한 모습이 역력한 버티는 욕을 섞거나 노래를 하거나 이전의 온갖 방법을 동원하여 연설문을 연습하고 있다. 그런 버티를 다독이며 그 시간을 함께 한 라이오넬은 아늑하게 다시 만든 방송실에 함께 들어가 버티 앞에 선다. 다른 건 모두 잊고 나한테 말하라고, 친구한테 하듯이 말하라고 격려하고 방송이 시작된다. 그의 말 한마디와 숨소리까지도 가족과 의회, 방송국, 국민들과 군인들은 모두 귀를 기울이고 있다. 라이오넬은 소리없이 입모양만으로 숨쉬라고 하거나, 대신 욕을 하듯 추임새를 넣기도 하며 마치 지휘를 하듯 음절을 끊어야 하거나, 힘을 주거나, 숨을 쉬어야 하는 부분을 알려주면서 리듬을 타며 함께 해 나간다. 버티는 그 어느 때보다도 훌륭하게 연설을 해낸다. 아내는 감동의 눈물을 흘리고 방송국에서는 박수가 터져 나온다. 첫 전시 연설을 멋지게 해낸 조지 6세 국왕은 훨씬 여유 있는 모습으로 모든 사람들의 축하와 박수를 받는다. 사진을 촬영한 후 버티는 라이오넬에게 고맙다고, 더 연습해야겠다고 하며 "수고했소 친구!"라고 한다. 라이오넬은 처음으로 "폐하"라고 부르며 의미심장한 눈빛을 보내고, 국민들에게 손을 흔들며 인사하는 그의 뒷모습을 엄숙한 표정으로 한참 바라본다. 라이오넬 로그는 나중에 공로훈장을 받게 되고, 연설로 국민들과 함께 투쟁한 조지 6세와 평생 친구로 지냈다고 한다.

버티의 불안에 영향을 미친 요인

하나, 어린 시절 부모의 보살핌보다 유모들의 손에서 자라면서 첫 번째 유모로부터 따뜻한 관심을 받지 못했다. 형만 예뻐했던 유모는 부모님 앞에서 버티가 자기에게 오게 만들기 위해 아이를 꼬집어서 울렸다. 형과 다른 대우를 받으며 차별을 당했는데, 음식도 주지 않는 등 신체적 학대뿐만이 아니라 정서적으로도 3년 동안 학대를 당했다. 그것은 첫번째 양육자의 학대로 그의 주요 트라우마가 된다.

둘, 왼손잡이인 그를 억지로 오른손을 사용하도록 '교정'이라는 명목으로 강압적인 훈련을 했다. 안짱 다리도 교정했는데 그렇게 그는 신체적으로 엄청난 불편을 감수하고 훈련을 한 것이다. 자신에게 편한 손과 발을 쓰지 못하게 하고 억지로 교정하는 것은 어린 아이에게 심각한 부작용을 낳을 수 있다.

셋, 형제 관계에서 생긴 트라우마도 크다. 형과 친하게 지냈는데 형은 늘 자기의 말더듬을 놀리고 사랑하는 착한 동생은 간질 때문에 숨겨 놓아 같이 놀지도 못하는 등 슬프고 우울한 기억들로 점철된 어린 시절을 누구에게 한 번도 털어 놓지 못했다. 한 번도 자기 감정을 말로 표현해 본적이 없었던 비티는 어른이 되어서도 형의 놀림을 받았고 동생은 어린 나이에 사망해 엄청난 상실감을 안고 살아왔을 것이다.

넷, 자기 자신의 본래 모습을 용납받지 못했다. 비행기 모형 만들기를 좋아했지만 아버지는 그 취미생활을 못하게 하고 아버지처럼 고상하게 우표수집이나 하라고 했다. 아버지는 버티가 남자답고 배짱이 있으며 용감하다는 것을 알고 있었지만 있는 모습 그대로 살게 놔두지 않고 늘 다그치고 부족한 부분만 지적했다. 말을 내뱉으라고 윽박지르던 아버지의 모습을 버티는 기억하고 있다. 억압 속에 살아온 버티는 말을 심하게 더듬게 된다.

다섯, 왕족으로서 사람들 앞에서 늘 바른 모습을 보여야 해서 더욱 감정을 억압했다. 화가 나도 화를 내지 못했고 욕을 하고 싶어도 남들 앞에서 그러면 안 된다는 생각에 스스로도 억압을 할 수밖에 없었다. 굳이 왕족이 아니어도 유명인사의 자제, 목회자의 자녀들, 연예인 등 남들에게 보여지는 모습을 연출해야 하는 사람들도 다르지 않다. 늘 착하고 좋은 모습만 보여야 하는 사람은 숨을 쉴 곳이 필요하다. '착한 녀석은 갈 곳이 없다'는 말이 있다. 누구나 좋은 모습을 기대하고 요구하는 사람은 감정을 억압하게 되는데 이것은 마음 속에 핵폭탄을 키우는 것과 같다. 언젠가 터질 때 그 위력은 상상할 수 조차 없을 것이다.

버티의 불안 증상

1. 말을 심하게 더듬는다. 하고 싶은 말을 입 밖으로 내뱉는데 어려움을 겪는다. 특히 연설을 해야 할 때면 자신에게 쏠린 눈과 귀, 관심 집중에 얼어 버린다.

2. 중압감과 부담감이 심해지면 자신을 비하하며 울음을 터뜨린다.

자신감이 없고 늘 자기를 비하한다.

3. 평소에는 자기 감정을 억압하고 있다가 갑자기 버럭하고 화를 내는데 그 자신도 당황스러워한다. 오랫동안 정치에 참여해온 그는 형을 보면 나라가 걱정되고, 의회에서 형을 퇴위시키고 자기를 등위시키고자 할 때 어쩌면 스스로도 자신이 국왕 자리에 적합하다고 느꼈을지 모른다. 그러나 연설에 대한 두려움과 엄청난 책임감이 무거워서인지 왕위에 관련된 생각을 억압하며 화를 낸다. 그 생각을 두려워하며 직면하지 않으려고 애쓴다. 생각이 현실이 될까봐 불안해하며 오히려 반대로 말하고 행동한다.

라이오넬의 코칭과 버티의 변화 과정

라이오넬 로그는 체계적으로 학위과정에서 훈련받은 의사나 자격증 있는 언어치료사는 아니지만 스스로 사람들의 이야기를 경청하며 마음을 만지는 치료사가 되었다. 따라서 말을 더듬는 사람들을 치료한 그의 방법은 검증되고 권위있는 의료적 치료가 아니었다. 그것은 어떤 치료법이라기 보다는 고객이 자신감을 갖게 하고 스스로의 힘으로 일어설 수 있도록 돕는 코칭에 더 가깝다. 교과서와 같은 그의 코칭적 프랙티스를 하나 하나 살펴보자.

1. 수평적인 관계 만들기

라이오넬은 첫 만남에서 서로의 이름을 부르며 수평적인 관계를 설정한다. 이는 멘토링이나 컨설팅과 다른 코칭의 특징이다. 수직적 관계는 지식이나 경험이 많은 사람이 그렇지 않은 상대에게 도움을 주는 강자와 약자의 관계와 비슷한 것이지만 수평적 관계에서의 도움은 그 사람 안에 잠재된 가능성을 끌어낼 수 있도록 동등한 위치에서 도우며 지지해주는 것이다.

수평적 관계에 처음엔 거부감을 보이고 불편해하던 버티는 나중엔 그를 친구라고 부른다. '감히 왕에게 가족들이나 부르는 애칭을 부르다니..?' 하고 처음엔 의아했겠지만 이는 도움을 주는 자나 받는 자 모두에게 중요한 첫 단계다. 영화에서는 공식적으로 고객이 왕자다 보니 치료사가 수평적 관계를 원하는 것을 왕자는 불편하게 느낀다. 그러나 일반적으로 코칭 상황에서는 (고객도 잘 이해못할 수 있지만) 코치가 수평적 관계를 맺지 못하고 도움을 주는 자로서 멘토나 컨설턴트처럼 관계설정을 할 수도 있는데 그러면 멘토링이나 컨설팅으로 흘러갈 수 있다. 코칭 서비스를 제공하는 코치는 교사나 멘토와는 다르다. 이 영화는 수평적 관계가 얼마나 중요한지에 대한 좋은 예가 된다.

왕족으로서 수평적 친구관계를 경험해보지 못하고 자라서 익숙하지 않기 때문에 버티는 더 불편했을 수도 있다. 그러나 라이오넬은 여기선 동등한게 좋다며 아무렇지 않은 듯 편하게 이름을 부른다. 그외에도 라이오넬은 친구로서 정말 훌륭한 자질을 갖고 있었다. 그는 아이들도 존중하는 친근하고 유연한 성격인데다 왕에게도 원칙을 지키는 담대하면서 견고한 성품을 가졌다. 사람을 돕는 직업군은 자격증을 따는 것보다 이러한 자질을 키울 수 있도록 더욱 노력해야 한다.

2. '상담은 상담실에서!', 자신의 원칙을 고수한다.

고객이 요크 공작이어서 궁으로 와달라고 공작부인이 부탁을 해도 정중하지만 단호하게 자신의 방식을 따르게 한다. 사실 고객이 치료실이나 코칭룸까지 오는 것 자체가 매우 중요한 치료의 첫 단계이다. 자신의 의지와 행동으로 치료나 코칭에 나서서 움직이는 것만으로도 실천력이 배가되기 때문에 변화가 일어날 가능성이 높아진다. 물론 버티는 내내 불편한 기색을 감추지 않았다. 심지어 첫 세션에서 중도에 포기하기까지 했다. 안 해! 못 해! 하고 그만두는 행동을 보여도 그가 바꾸지 않고 고객에게 맞춰주지 않고 지킨 방식이다. 자신의 방식이 쉽게 판단받을 수 있어도 그는 주눅들지 않았다. 결국 그의 말이 옳았음이 증명되었고 왕을 도울 수 있는 기회를 얻었다.

또 담배를 피우려는 버티에게 몸에 해롭다고 피우지 못하게 한다. 다른 의사들이 목 푸는 데 좋다고 권한 것이지만 라이오넬은 자기의 규칙을 따라 달라고 요청함으로써 세션을 주도해 나간다.

3. 고객의 의지가 중요하다고 믿는다.

라이오넬을 만나기 전 이미 버티는 치료를 포기한 상태였다. 그래서 엘리자베스 혼자 찾아가 남편은 포기한 상태라고 하는데 '아직 저를 안 만났잖아요'라는 라이오넬의 말을 듣고 온갖 의사를 다 만나도 못 고쳤는데 무슨 자신감인가 생각했겠지만 그는 고객의 의지를 믿는다고 했다. 이것이 코칭이다. 코치의 능력이 아니라 고객의 의지가 변화를 가져오는 것이다. 고객의 의지를 믿고 하는 것이며 고객의 의지로 움직이게 돕는 것이다. 그 첫 걸음이 코칭룸까지 스스로 오는 것이다.

4. 비밀 보장

코칭에서 가장 중요한 원칙이다. 남편이 요크 공작임을 밝히고 비밀 유지를 부탁하는 엘리자베스에게 라이오넬은 "물론이죠"라고 하며 신실하게 약속을 지킨다. 가장 가까운 아내와 아들을 포함하여 누구에게도 발설하지 않는다. 때로 코치도 사람이기에 고객의 이야기를 살짝 포장하여 누군가와 나누는 경우도 있다. 인간에게는 비밀이라고 하면 더욱 호기심을 자극하고 누군가에게 털어놓고 싶은 욕구가 있는데 이는 관음증의 한 측면이다. 그러나 비밀 보장은 코칭, 상담, 치료에서 엄격히 지켜져야 하는 원칙이다. 이것이 어려운 사람은 상담사나 코치가 되어서는 안 된다. 고객에 대한 신의를 지키는 것은 무엇보다 중요하다.

비밀을 보장하기 위해서는 코칭 세션과 자기의 삶의 경계를 분명히 해야 한다. 코칭룸에서 나누고 들었던 얘기는 코칭룸에 다 놓고 나가야 한다. 이것은 단순히 고객의 비밀보장 만이 아니라 코치의 건강한 삶을 위해서도 필수다. 삶에서 모든 일과 사생활, 인간관계의 경계를 잘 세우고 그것을 잘 지키는 사람이 심리적으로도 건강하고 균형잡힌 삶을 살 수 있다. 그것을 위한 장치를 반드시 준비하자. 밤에는 모든 것을 접어두고 잠옷을 입고 일기를 쓰면서 하루를 잘 마무리하는 것도 경계를 구분하는 좋은 방법이다. 편안한 마음으로 잠자리에 들 수 있다면 분명 평온한 잠과 개운한 아침을 맞이하며 날마다 자신을 새롭게 할 수 있을 것이다.

5. 고객의 편견 깨트리기

"말더듬이는 아무도 못 고쳐요."라고 말하는 버티는 이미 오랜 기간 수많은 의사와 이런저런 치료 방법을 다 써보았다. 그래서 새로운 방법에도 기대가 없었다. 그러나 라이오넬은 오랜 경험으로 이 증상이 영구적인 것이 아니고 어떻게 하면 더듬지 않을지 알고 있다. 첫 날 바로 고칠 수 있다며 녹음을 해서 레코드를 준다. 치료를 포기했던 버티는 그 날은 아니었지만 나중에 그 레코드를 듣고 다시 찾아온다. 첫 날 편견을 깨트린 것은 그의 탁월함이다.

6. 고객의 성격을 잘 활용하기

자존심 세고 성격이 급한 왕자의 성격을 라이오넬은 잘 활용하였다. 오늘 당장 고칠수 있는데 고치면 질문에 답을 하라고 하사 지기 싫어하는 버티는 개인적인 질문에 답을 하기 싫어서 내기를 걸고 라이오넬의 방법에 말려든 것이다. 말 한마디 한 마디가 버티를 자극해 아니라고 생각하면서도 그의 방식을 따르게 됐다. 기술만 가르쳐 달라고 할 때도 약올리듯 목 근육을 풀고 어려운 문장을 연습하라고 하며 유머로 1실링 어치의 수업이라고 하자 버티는 버럭 화를 내지만 결국 열심히 하겠다고 약속하고 매일 세션을 온다.

7. 고객의 그림자 자기 직면시키기

'그림자 자기'는 칼 융의 심리학적 용어로 자기가 보고싶지 않은 자신의 부정적인 모습이다. 버티는 규율이 엄격한 왕궁에서 자라면서 자기의 그림자를 많이 억눌러 왔다. 라이오넬의 눈에는 그것이 보였고 얘기를 꺼낼때마다 방어기제로 대응하는 버티에게 그것을 직면시킨다.

8. 경청하기

라이오넬이 언어치료사로서 수많은 사람들을 고치고 도울 수 있었던 것은 그에게 탁월한 듣는 귀가 있었기 때문이다. 아무도 병사들의 절규에 귀 기울이지 않을 때 그는 그들의 이야기를 들어주었다고 했다. 그것이 치유와 변화의 시작이다. 듣지 않으면 질문을 할 수 없다. 코칭 질문은 고객의 이야기에서 나오기 때문이다. 경청하지 않으면 두 사람이 같은 리듬을 탈 수도 없고 공감할 수도 없다. 마음의 울림이 공명하려면 주파수를 맞춰야 한다. 경청은 두 사람의 주파수를 맞추는 작업이다. 주파수가 맞으면 또렷이 들리는 라디오처럼 경청은 마음의 소리를 분명히 듣게 해준다. 그러면 그 소리에서 다음 질문을 찾을 수 있다.

9. 핵심을 관통하는 질문과 공감

라이오넬의 질문은 핵심을 관통하고 근본적인 문제를 직면시켰다.

별달리 조심하는 기색도 없이 담담히 핵심을 찌른다. "형의 어떤 점이 말문을 막죠?"와 같이 적절하게 열린 질문을 한다. 그의 질문은 언제나 굳게 닫아둔 버티의 마음 속 빗장을 열고 빛을 비춰주는 플래시와 같았다. 너무 깊이 묻어 두어 뭐가 문제인지, 언제부터 시작인지, 무엇이 자신의 말문을 막고 어렵게 하는지 기억조차 못하는 버티였다. 질문에 답을 할 수 있게 되자 꺼내놓는 모든 얘기가 다 아픔이었다. 그 어린 아이가 어떻게 그걸 버티고 살았을까? 라이오넬의 표정은 그 아픔을 함께 느끼는 듯 버티와 공감하고 있었다.

10. 취약한 존재로서 관계 속에 존재하기 Being Vulnerable

형과 왕위에 대한 질문은 버티로 하여금 그림자 자기를 직면하게 했다. 감정을 주체 못해 화를 내고 라이오넬에게 심한 말로 모욕을 준다. 마음대로 치료를 끝내며 담배를 피우지 말라던 규칙을 바로 깨 버리는 버티의 행동은 수평적 관계를 깨는 것이어서 코치로서 무시당하는 듯한 느낌도 들었을 것이다. 더구나 사과하러 가도 만나주지 않고 거절당하는 것은 정말 자존심을 상하게 할 수 있는 것이었다. 학위나 자격증이 없다는 사실을 알고 공격할 때도 라이오넬은 변명하거나 피하지 않고 진실한 태도로 존재한다. 그렇게 상처가 될 수 있는 그런 상황에 코치는 열려 있어야 한다. 누구나 존중받기를 원하지만 고객의 반응을 다 예상할 수는 없다. 때로 고객이 난기류를 만난 비행기처럼 격변하는 감정을 쏟아 놓을 때도 받아줄 수 있는 것이 진정 강하고 포용력 있는 코치일 것이다. 누가 상처에 대범하게 자신을 열어놓을 수 있을까? 관계 속에 취약한 존재로서 존재하는 것이 실은 강한 것이다.

이는 고객에게 원칙을 고수하고 자신의 규칙을 따르게 하는 것과는 전혀 다른 차원의 문제다. 아무리 원칙을 고수하더라도 코치가 강한 존재로 고객을 넘어서서는 안 된다. 특히 자신의 실수나 부족한 점을 인정하고 사과하는 모습도 그러한 약함이자 강함이다. 역설적이지만 약한 존재로 존재할 수 있는 내적 강함은 영향력이 있다.

11. 가장 도움이 필요한 순간에 옆에 있어 주기, 코칭 프레즌스

Coaching presence

라이오넬은 버티가 처음으로 자기 속마음을 털어놓고 수평적인 관계를 맺은 사람이다. 그의 방법대로 연습을 하고 치료를 받았지만 버티가 정작 필요로 한 것은 가장 무겁고 떨리는 순간에 자기 앞에 있어 주는 그의 존재였다. 첫 전시 연설을 한 방송실은 라이오넬이 버티를 위해 아늑하게 새로 꾸몄다. 그곳에 두 사람만 들어가 신호등 같이 방해가 되는 요소를 모두 없애고 함께 리듬을 타며 숨쉬는 타이밍, 힘을 주는 타이밍, 음절을 끊어읽는 타이밍 등을 맞추면서 연설을 훌륭하게 마쳤다. 이것은 코칭 프레즌스의 좋은 모범이다. 시간적, 공간적 느낌이 사라지고 두 사람만 존재하는 것이다. 코칭 대화는 그렇게 함께 리듬을 타는 것이다. 하나의 이슈를 놓고 두 사람이 함께 파도타기를 하듯 물결에 몸을 맡긴 것처럼 대화를 타고 나가야 한다. 그렇게 숨쉬는 타이밍이 맞춰지고 감정이 공명할 때 진정한 공감도 이루어지는 것이다. 그것이 코칭 프레즌스다.

12. 강력한 지지

연설뿐만 아니라 아버지의 서거 후 마음이 힘들 때도 버티는 라이오넬을 찾아왔고 함께 술을 마시며 속내를 털어놓았다. 이는 코치의 존재란 무엇인지를 잘 보여주는 장면이다. 사랑과 따뜻한 격려로 자기를 지지해주는 아내도 있고 뭐든지 필요한 도움을 줄 수 있는 신하들이 있었지만 그는 가장 힘들 때 라이오넬을 찾아와 대화를 하였다.

라이오넬은 버티에게 항상 왕의 자질이 있다, 형을 능가할 수 있다, 누구보다 용감하다며 강력한 지지를 보낸다. 듣기 좋은 말로 아첨하는 것이 아니라 격려가 필요할 때 힘을 북돋아주고, 화가 난 감정도 용납하며 그의 존재 자체를 지지하였다. 남들 눈에 보이지 않는 버티의 강점을 보는 눈이 있었던 라이오넬은 그것을 끌어내주었다. 그렇게 그는 왕의 강력한 버팀목이 되어주었고 그가 왕으로서 우뚝 설 때 그를 폐하라고 부르며 존중한다. 돌덩어리에서 다비드를 발견하고 조각해낸 미켈란젤로처럼 어릴 때부터 말을 더듬고, 마이크를 두려워하고, 형 앞에서는 말문이 막히던 버티에게서 카리스마있는 왕을 드러낸 것이다. 버티는 다비드상이 완성되듯 그렇게 멋진 왕으로 변모했다.

처음엔 방어기제가 발동하여 마음을 열지 않던 버티는 차츰 마음을 열고 자기 마음 속 깊은 곳에 묻어둔 이야기를 하며 자신을 개방했다.

라이오넬이 왕실이나 의회에서 생각지도 못한 호주 사람인데다 학위도 없다는 사실에 흔들리기도 했지만 라이오넬은 버티의 속사람을 보고 진정으로 격려한 유일한 사람이었다. 호주식 발음과 치료법에 대한 편견을 내려놓고 그의 방식에 자신을 내어 맡겼다. 그렇게 자신을 개방하고 자신의 경계를 넓히고 그를 신뢰하며 변화의 과정을 함께 했다.

생각해 볼 주제 대사

1. 엘리자베스와의 첫 만남에서 자신감있는 태도의 라이오넬

"저는 고객의 의지를 믿습니다"

2. 이금을 물러달라며 왕자에게도 '버티'라고 부르겠다는 라이오넬

"좋네요. 여기선 동등한게 좋죠."

3. 대답하는 버티

"우리가 동등했다면 나도 이 고생 않고 평범하게 가족과 살았겠죠"

4. 라이오넬이 버티에게: "날 때부터 말 더듬는 사람은 없습니다."

5. 버티의 고백

"버티 배짱이 다른 형제들 다 합친 것보다 낫다고 하셨대요. 나한테 직접은 못하시고. "

"아버지란 원래 무서운 존재인거야 하며 종종 윽박지르셨어요"

6. 버티가 실컷 욕을 하고 난 뒤

라이오넬: "이것도 당신의 일면이에요."

버티: "아뇨 남들 앞에서는 이러면 안돼요."

7. 버티가 화를 내며 떠난 후 고민하는 라이오넬과 아내의 대화

라이오넬: "겁을 먹었어 자신의 그림자에 짓눌려서. 크게 될 사람인데 말을 안 들어"

아내: "크게 되기 싫은가 보죠. 당신 욕심 아니에요?"

라이오넬: "내가 선을 넘었군."

아내: "사과해요. 그럼 되지."

8. 버티가 감정을 표현하며 자기를 왕이라고 똑바로 말할 때

라이오넬: "맞아요. 내가 아는 가장 용감한 분이세요. 당신은 좋은 왕이 될 겁니다."

9. 버티의 연설을 도우며

라이오넬: "나만 보고 읽어요. 친구에게 말하듯이요."

◻︎ 마음 코칭 1 - 정화적 접근

나의 감정, 나의 생각

  버티는 어린 시절의 상처를 이야기할 때 자신의 감정이 어땠는지는 얘기하지 않았다. 오래된 기억이라 감정을 기억하는 것이 어려웠을 수도 있지만 아마 표현해본 기억이 없어서 적절한 단어를 찾기도 어려웠을 것이다. 그러나 현재, '지금-여기'에서 화가 나는 감정은 라이오넬 앞에서 표출되었다. 라이오넬은 욕을 하게 한다. 욕은 금기시되기도 하지만 실상은 일종의 카타르시스로 긍정적 효과가 있다고 한다. 남들 앞에서 말 한 마디도 조심하며 살아오느라 스스로 답답하게 말을 더듬을 수밖에 없었을 텐데 라이오넬 앞에서만은 전혀 더듬지 않고 실컷 욕도 하고 화가 나는 감정을 표현할 수 있었다.

  이로써 우리는 얼마나 감정을 잘 표현하고 지냈는지 돌아볼 수 있다. 욕을 해 본 적은 있는지, 화를 건강하게 표현해본 적은 있는지, 슬픔은 어떻게 표현하는지, 부당함에 대한 억울하고 답답한 마음은 어떻게 표현할 수 있는지… 우리는 대부분 건강하게 감정을 표현하는 방법을 배우지 못했다. 그러나 이제부터라도 그 부분을 한 번 다뤄보자. 직시하지 않고 외면하거나 회피했던 부분이 감정과 맞닿아 있다면 겁내지 말고 용기를 내보자. 노래도 좋고, 일기도 좋고, 영상편지도 좋다. 코칭이나 상담의 도움도 받아보자. 충분히 준비가 되었다고 생각되면 대화도 시도해보자.

정리하기

Q1. 떠오르는 어린 시절의 기억이 있나요? 기억하면 어떤 감정이 느껴지나요?

Q2. 자신이 경험한 가장 강력한 감정은 무엇이었나요?

Q3. 말을 하고 싶지 않을 때 어떻게 하나요?

Q4. 욕을 하고 싶은 상황이나 사람이 있다면 지금 어떤 말을 해주고 싶은가요?

마음 코칭 2 - 지시적 접근

모델링

좋은 모델	나쁜 모델
버티의 아내 엘리자베스 – 늘 온화하고 따뜻하게 버티의 마음을 편안하게 해주려 노력하고 힘들어할 때 위로하고 격려한다 "왕실 생활이 싫어서 두 번이나 청혼을 거절했었죠. 그런데 당신이 멋지게 말을 더듬길래 안심했어요"	**버티를 다그치는 아버지** "말을 내뱉으란 말이야!" "마이크를 노려봐" **동생의 기분은 생각지 않고 놀리는 형** "동생이 형을 몰아낸다. 지금이 중세 시대니? ..."

라이오넬의 아내	고정관념으로 왕에게 권고하는 대주교
– 라이오넬이 의기소침할 때 관심을 가져주고 물어봐준다. – 담담하게 고객의 생각을 대변함으로써 라이오넬이 통찰을 얻도록 돕는다.	"언어치료사가 필요하셨으면 저한테 말씀을 하시지요." "왕은 권고를 따르는 자리죠, 저희 권고를 따르시죠."
라이오넬의 지지와 격려 "내가 아는 가장 용감한 분이세요."	"학위가 있는 영국인 치료사를 구했습니다. 로그씨는 그만 하셔도 됩니다."

1. 코칭 포인트: 자신의 가슴을 울린 한 마디가 있었나요? 그것에 대한 자기 생각을 화답하듯 써 봅시다.

2. 코칭 포인트: 영화 속 좋은 모델에서 내가 취할 수 있는 부분은 무엇인가요? 나의 상황에 맞게 적용해 봅시다.

정리하기

Q1. 이외에 자신이 생각하는 좋은 모델이 있다면 어떤 모습인지 적어봅니다.

Q2. 혹시 변화되고 싶은 부분이 있다면 어떤 것인가요?

Q3. 자신과 비슷하다고 생각되는 등장인물이 있다면 누구이며 어떤 점이 그렇게 느껴졌을까요?

Q4. 등장인물에게 해주고 싶은 말이 있나요?

Q5. 혹시 자신에게서 바꾸고 싶은 부분이 있다면 어떤 부분이고 그 이유는 무엇인가요?

Q6. 바꾸기 위해 할 수 있는 방법엔 어떤 것들이 있을까요?

🎥 마음 코칭 3 - 연상적 접근

영화 속 상징과 은유

마이크는 버티의 불안과 두려움의 상징이다. 왼손잡이나 안짱 다리 등을 교정하면서 자기 자신에 대해 자신감을 잃고 하고 싶은 말도 못했을 것이다. 왕자라서 늘 사람들 앞에 좋은 모습만 보여야 해서 감정 표현도 마음대로 못하고 말도 더듬는데 마이크는 자신의 목소리를 증폭해서 전 세계에 전달한다. 마이크에 대한 두려움은 말 한마디, 행동 하나하나에 내한 무서운 책임감에 짓눌린 것일 수도 있다.

전쟁은 불안한 환경에 대한 은유다. 전쟁은 누구에게나 무섭고 불안한 상황이다. 나라가 전쟁을 하면 아무도 피할 수가 없다. 평민이나 왕족이나 동일하게 불안하게 다가온다. 불안 앞에서는 누구나 공평하다는 의미로도 볼 수 있다. 전쟁은 내가 통제할 수 없는 상황이고 어쩌면 평온해 보이는 우리네 삶이 실상은 전쟁일수도 있다. 가장 불안한 상황인 전쟁을 상상하면 불안을 느끼는 사람들의 심정을 같이 느낄 수 있지 않을까? 무엇이 불안하냐고 하지 말자.

1. 코칭 포인트: 자신을 불안하게 만드는 무거운 짐이 있나요? 두려움과 불안을 유발하는 자신의 상징은 무엇일까요?

펭귄은 버티가 딸들에게 들려주는 자신이 지어낸 이야기 속에 나온다. 이야기 속 펭귄은 아버지인 자신을 투사한 것이다. 이야기 끝에 펭귄은 커다란 전설 속의 새 알바트로스로 변신해 딸들을 안아준다. 이것은 버티의 자아상인데 언젠가 멋진 새로 변신해 자유롭게 비상할 희망을 품고있음을 알 수 있다. 가장 높이 난다는 알바트로스는 당시 영국의 왕으로서 어울리는 이미지가 아닐까?

2. 코칭 포인트: 자신을 주인공으로 한 우화를 써보세요. 자신을 어떤 모습으로 표현하고 싶은가요? 자신의 이미지에 어울리는 모습은 무엇인가요?

모형 비행기는 버티의 어린 시절을 상징한다. 어릴 때 좋아했던 만들기를 억압당했었는데 라이오넬은 아들들이 만들고 있는 비행기에 버티가 한 개씩 조립을 할 수 있게 해준다. 비행기를 만들며 어릴 때 얘기를 하면서 버티는 자신을 개방할 수 있었다. 친구도 없고 누구에게도 자기 속얘기를 하지 않았던 버티에게 엄청난 경험이 된 것이고 이는 모형 비행기라는 상징적인 도구가 매개가 되었기에 가능했다.

헤드폰은 주위에서 들려오는 말을 차단할 필요가 있었던 버티의 상황을 일깨워주는 상징이다. 너무 많은 충고와 지시를 듣고 늘 더듬는 자기 말소리를 듣느라고 본래 자기의 편한 활동과 자기 목소리를 잃어버린 버티는 귀를 막고 자기 말을 할 필요가 있었던 것이다. 음악을 틀어 더듬는 소리를 듣지 않고 글 읽기에 집중하자 전혀 더듬지 않고 유창하게 글을 읽었다. 듣는 것만이 중요한 게 아니라는 뜻이다. 때로는 소리를 차단하고 고요한 가운데 있거나 전혀 상관없는 아름다운 소리로 고통을 주는 소리를 차단하는 게 필요할 수 있다.

연설은 버티가 자기 역할을 다하는 것의 상징이다. 버티는 연설로 국민들을 만나고 자기를 표현하고 소통한다. 가장 어려웠던 일인데 멋지게 극복하였다. 때로 자기의 가장 중요한 역할이 가장 힘든 일일 때 이를 어떻게 극복할 수 있을지 생각하게 한다.

3. 코칭 포인트: 혹시 차단해야 할 소리가 있나요? 스스로 자기를 '바보'라고 하거나 남들이 하는 평가에 괴로워하고 있지는 않은가요? 차단하고 다른 소리를 들어보면 어떨까요?

정리하기

Q1. '나'의 역할을 적어볼까요?

Q2. 나를 괴롭히는 어떤 이미지가 있나요?

5장 감정을 느끼지 않으려는 여왕
<겨울 왕국Frozen>

개요: 애니메이션/ 미국/ 108분/ 2013
감독: 크리스 벅Chris Buck, 제니퍼 리Jennifer Lee
출연: 이디나 멘젤Idina Menzel(엘사), 크리스틴 벨Kristen Bell(안나)
등급: 전체관람가

아렌델Arendelle 왕국의 두 공주 엘사Elsa와 안나Anna 자매는 서로에게 가장 친한 최고의 단짝 친구다. 언니인 엘사는 태어날 때부터 마법의 힘을 타고 났는데 동생인 안나는 그 사실을 모른다. 모든 것을 얼려버릴 수 있는 엘사의 힘은 함께 놀던 동생 안나에게 실수로 해를 입히게 되고, 요정 트롤의 도움으로 안나는 살리지만 하얗게 색이 변해버린 머리카락으로 흔적이 남게 되고 안나의 기억은 지워진다. 사랑하는 가족을 해칠 수도 있는 위험한 힘을 가진 것을 두려워하여 엘사는 사람들을 멀리한다. 안나가 놀자고 할 때도 밀어내고 방 밖으로 잘 나오지 않는다. 부모님은 엘사에게 숨기고 느끼지 말고 다른 사람들이 알지 못하게 하라고 가르친다. 엘사는 감정을 느끼고 표현하는 것을 극도로 꺼리는 사람이 된다.

그러던 어느날, 왕과 왕비는 배를 타고 외국으로 가던 중 풍랑을 만나 목숨을 잃고 돌아오지 않는다. 슬픔에 잠긴 왕국은 장례식을 치르고, 방 안에 숨어버린 엘사와 두드려도 열리지 않는 방문을 바라보는 안나의 외로운 시간은 그렇게 흐른다. 그로부터 3년 뒤 엘사는 성인이 되면서 왕위를 물려받게 되어 대관식 준비를 한다. 여전히 밝고 철없어 보이는 안나는 노래를 부르며 즐겁게 대관식을 위해 차려 입고 축하객들 중에 혹시 운명의 사랑이 있지는 않을까 하는 호기심으로 대관식을 기대한다.

엘사는 마음의 준비를 하고 있는 힘을 다해 조심조심 대관식에 임한다. 다행히 별탈 없이 대관식을 치르고 축하객들을 위한 연회도 무사히 넘기는가 싶었는데 갑자기 안나가 달려와 그 날 만난 한스라는 왕자와 결혼을 하겠다며 흥분된 모습으로 엘사에게 축복해달라고 한다. 자신이 진실한 사랑을 만났다고 생각하는 안나는 고집을 부리고 엘사는 오늘 만난 사람과의 결혼은 안된다며 반대한다. 엘사를 이해하지 못하는 안나는 자꾸 엘사를 자극하고 갈등을 피하려던 엘사의 노력에도 불구하고 두 사람의 말다툼으로 연회장에서 엘사의 마법이 드러나게 된다. 자신의 힘이 드러난 엘사는 그 자리를 벗어나 북쪽의 겨울산으로 혼자 도망친다. 엘사의 손이 닿거나 작은 동작만으로도 물이 얼어버리고 날카로운 얼음 장벽이 생겨나는 것을 본 사람들은 충격을 받고 혼란에 빠지는데 안나는 엘사를 찾으러 떠나며 갑자기 겨울이 되어버린 왕국을 한스에게 부탁한다.

안나의 여정은 쉽지 않았지만 도중에 만난 크리스토프의 도움으로 북쪽 겨울산으로 갈 수 있게 된다. 이미 그 산에서 엘사는 더 이상 자신의 힘을 숨기지 않겠다며 자신의 얼음 궁전을 만들고 혼자 머물고 있었다. 안나가 찾아와 같이 돌아가자고 해도, 엘사는 혼자이지만 자유로운 그곳에서 아무도 다치지 않게 혼자 살겠다며 안나에게 햇빛이 비치고 문을 열고 살 수 있는 삶으로 돌아가라고 한다. 그러나 안나가 왕국이 깊은 눈에 파묻혔다며 언니가 무슨 영원한 겨울처럼 만들어 놓았다고 하자 엘사는 놀라서 자신은 자유로워질 수 없고, 마법의 힘으로부터 도망칠 수 없다고 생각하며 흔들린다. 안나는 같이 해결하면 된다고 하지만 엘사는 다시 안나를 다치게 했던 어렸을 때 일을 떠올린다. 안나를 밀어내는 순간 안나는 엘사에게서 나간 얼음의 기운을 심장에 맞게 된다. 크리스토프가 안나를 돕기 위해 트롤에게 데려가고 괜찮은 줄 알았지만 안나는 점차 기운이 빠지는 것을 느낀다. 전에도 안나를 고쳐주었던 트롤 파비가 얼어버린 심장을 녹일 수 있는 건 진정한 사랑뿐이라고 하자 안나를 태워 한스 왕자에게 달려간다. 그 사이 엘사의 얼음 궁전에 도착한 한스와 군인들은 엘사를 붙잡아 성으로 데려오고 겨울을 멈추고 여름을 돌려달라고 하지만 엘사는 할 수 없다며 자기를 보내달라고 한다.

　안나가 도착해서 한스에게 설명을 하고 진정한 사랑의 키스를 해야 한다고 말하는데 한스는 안나를 구해주지 않는다. 벽난로의 불을 꺼버려 얼음처럼 차가워진 몸을 죽게 내버려 두고 엘사를 죽이고 자신이 왕국을 차지하려는 본색을 드러낸다. 두 자매를 죽이고 왕위를 차지하려던 한스는 탈출한 엘사를 쫓아가고 어떻게든 살려는 안나도 탈출해서 크리스토프가 사랑이라고 생각해 눈보라를 뚫고 만나러 간다. 얼어버린 바다 위에서 한스는 엘사를 만나 안나가 죽었고 그것은 엘사 때문이라고 하자 엘사는 절망한다. 안나의 눈 앞에 크리스토프가 나타난 순간 안나의 눈에 엘사를 죽이려는 한스의 모습이 들어온다. 안나가 엘사 앞에 몸을 던져 한스의 칼을 막아내며 얼음 동상이 되자 엘사는 안나가 자기를 위해 희생했다는 것을 알게 되고 얼음이 된 안나를 부둥켜안고 뜨거운 눈물을 흘린다. 그 때 안나의 몸이 녹아 돌아오게 되고 엘사와 모두는 진정한 사랑, 즉 상대를 위해 자신을 희생하는 자매애가 이 기적을 일으켰음을 알게 된다. 얼어붙었던 아렌델의 겨울은 끝이 나고 다시 따뜻해진다. 드디어 엘사는 힘을 통제하는 방법을 알게 되었다. 얼릴 수도 있고 녹일 수도 있게 된 엘사는 성문을 열고 사람들에게 스케이트장을 만들어주며 안나와 행복한 시간을 보낸다.

아이들을 위한 동화 애니메이션이라서 현실성이 없고 어른들에게는 적합하지 않다고 생각할 수도 있지만 모든 동화와 우화는 인간과 삶과 세상에 대한 은유이며 인간의 염원을 담은 환상이다. 따라서 숨겨진 은유와 상징을 탐구해 인간을 이해하기에 좋은 자료이자 애니메이션이기에 더 환상적이고 아름다운 표현이 가득하고 안전하게 느껴지는 교과서로서 고전적인 매체라고 볼 수 있다. 물론 요즘은 컴퓨터 그래픽

(CG)의 발전으로 실사 영화에서도 이러한 환상을 충분히 즐길 수 있지만 애니메이션 겨울왕국의 인기는 정말 대단했다. 불안한 심리를 표현한 영화로서 너무 무겁지 않고 해피엔딩임을 알 수 있기에 거부감없이 접근할 수 있다는 장점이 있다.

엘사의 불안에 영향을 미친 요인

하나, 안나와 놀 때 자신의 마법을 썼던 어린 시절에는 신기하고 재미있는 힘이었지만 어느날 그 힘이 사랑하는 동생을 다치게 할 수 있다는 것을 알게 된 엘사는 두려움에 사로잡힌다. 치명적이었던 그 한 번이 경험으로 엘사는 성인이 되도록 그 두려움에서 벗어나지 못하고 가장 가까웠던 안나와도 거리를 두고 살아간다. 두려움은 눈에 보이지 않지만 이렇게 한 사람의 삶을, 그리고 그 삶을 채우는 수많은 관계를 압도한다.

둘, 또다시 누군가를 다치게 할까 봐 엘사는 다가오지 않는 시간들, 일어나지 않은 일들에 대한 불안에 사로잡혀 산다. 두려움이 힘에 대한 것이라면 불안은 알 수 없는 미래에 대한 것이다. 동생이 다치거나 죽으면 어떡하지? 가족을 잃으면? 주위 사람들이 모두 떠나거나 사라지면 내 삶은 어떻게 될까? 등등 삶의 기반이 흔들리는 생각들과 자신이 해야 되는 중요한 과업, 역할 등을 망치면 어떻게 될지 … 그러한 불안과 두려움에 함몰되어 방 안에서만 지내게 된 것이다.

셋, 의도는 나쁘지 않았지만 힘을 숨기라는 부모의 말이 엘사의 신념이 되어버렸다. 해결 방법을 모르는 어린 아이들에게 부모는 삶을 살아가는 태도와 방식을 알려주는 절대적인 존재다. 엘사에게 장갑을 끼워주며 늘 감추고, 느끼지 말고, 사람들에게 들키지 말라고 한 부모의 말은 표면적으로는 엘사의 힘을 억눌렀지만 억압된 에너지는 더 강한 폭발력을 갖게 되었음을 알 수 있다. 날이 갈수록 강해지는 힘을 어떻게 다루어야 하는지는 가르쳐주지 않았다. 억누르는 것으로는 사라지지 않고 더 강해지는 힘은 엘사의 불안을 더 증폭시켰을 것이다.

엘사의 불안 증상

1. 주인공 엘사는 억누르고 억눌러도 자꾸만 새어나가는 마법의 힘 때문에 쉽게 얼어버리는 모든 것들을 보며 자꾸 감정을 차단한다. '느끼지마, 느끼지마…'라고 중얼거리며 자기 마음을 통제해보려 하지만 잘 안돼서 더 불안하다.

2. 사람들과 교류하지 않고 은둔한다. 혼자 있으면 들키지 않을 거라고 생각하는데 그것은 근본적인 해결책이 아니어서 대관식을 비롯해 언젠가는 사람들 앞에 서야하는 두려움을 안고 살아간다. 더 큰 두려움은 자신의 힘이 사랑하는 동생을 죽게하지 않을까 하는 것이다. 대인관계의 두려움과 죽음에 대한 두려움, 그리고 자신이 해가 될까봐 두려운 자기 존재에 대한 불신이 은둔으로 이어지게 한다.

3. 장갑에 대한 집착-방어기제

장갑은 감정을 차단하기 위해 엘사에게 아버지가 끼워준 것이다. 엘사의 장갑은 해결책이 아니라 일시적으로 불안을 잠재우는 도구일 뿐이어서 엘사의 불안은 근본적으로 해결된 것이 아니라 장갑을 끼고 있어도 늘 불안하고 두렵다. 더구나 억누를수록 그 힘은 점점 더 강해지고 그럴수록 자기의 힘을 억누르는데 모든 에너지를 쏟게 된다. 대관식에서 절차가 지나면 얼른 다시 장갑을 끼고 안나와 실랑이를 하다 장갑이 벗겨지자 극심한 공포를 느낄 정도로 장갑이 문제를 막아주는 어떤 것이라고 생각한다.

엘사의 변화 과정과 그 의미

엘사는 어린 시절 동생을 다치게 한 뒤로 불안과 두려움에 갇혀 산다. 어린 엘사를 지키고 언젠가 통제할 수 있을 때까지 사람들이 모르게 하려고 했던 부모의 뜻에 따라 외롭게 혼자 방 안에서만 지내는데 점점 강해지는 힘은 엘사를 더욱 불안하게 만들었다. 그런 엘사가 변화된 과정은 다음과 같다.

첫째, 대관식 날 엘사는 안나로 인해 감정이 동요한다. 잊고 지냈던 자매의 친밀감, 함께 하고 싶은 욕구를 느꼈지만 다시 마음을 다잡고 문을 닫는다. 그러나 안나가 처음 본 남자와 결혼하겠다고 할 때는 통제가 되지 않을 정도로 동요되어 결국 사람들 앞에서 마법이 행해진다. 북쪽 얼음 산으로 도망치면서 엘사는 자신을 억압하던 모든 방어기제를 풀어놓고자 결심한다. 더 이상 참을 수 없고 이제는 자신을 내버려두겠다고 하자 자신의 힘이 어느 정도인지 알게 되고 외롭지만 혼자서 아무도 상처주지 않고 살겠다고 마음먹자 자유로움도 느꼈다. 이러한 변화는 근본적인 해결은 아니지만 엘사의 불안을 다소 잠재우고 자유로워지는 계기가 된다.

둘째, 자신을 막으려는 사람들에게 적극적으로 자신을 피력한다. 여전히 아무도 다치게 하고싶지 않은 마음은 변함없지만 충돌이 불가피하자 적극적으로 맞선다. 이전의 엘사가 자신을 억누르는 모습으로 공격성을 자신에게 향했다면 자신을 방어해야할 때는 적극적인 태도가 되고 공격도 불사했다. 이러한 모습은 긍정적이지는 않지만 어쩔 수 없는 과정이었는데 이렇게 하나의 변화가 행동의 변화를 가져온다는 것을 보여준다.

셋째, 안나로 인해 힘을 통제할 수 있게 되자 더 이상 숨지 않고 성문을 활짝 열어 새로운 삶을 시작한다. 왕국을 이롭게 하는 데 힘을 사용하고 더 이상 불안해하지 않는다. 사람들과 함께 행복한 왕국을 만들고 여유있는 모습으로 즐기기도 한다.

애니메이션 겨울왕국은 환상적인 동화답게 주인공의 불안, 그로 인한 어려움과 고난은 드라마틱하게 해결된다. 그러나 핵심적인 메시지는 '사랑의 힘'이 모든 것을 치유하고 해결한다는 것으로 엘사는 그 핵심을 깨닫게 되자 불안의 근원이 해결된다. 즉 통제할 수 없어서 불안했고 사람들을 다치게 할까 봐 두려웠던 마음에 억압했던 자신의 힘을 다룰 수 있게 되면서 엘사는 자기 마음과 성문을 연다. 숨겨야 한다고 생각했을 때에는 가장 가까운 동생도 멀리하고 혼자 감당하려고 애썼지만 자기를 위해 희생한 동생의 사랑을 알게 되자 자기 안의 사랑의 마음을 풀어 놓게 된 것이다.

'사랑'에 대한 환상은 미디어에서 끊임없이 소비되었고 특히 어린 아이들의 동화에서는 '영혼의 짝'이나 결혼 상대자, 왕자 등의 이미지를 심어 놓았다. 남녀간의 사랑만 진정한 사랑인 것처럼 그리던 동화의 진부한 서사를 깨고 자매애를 조명한 것은 매우 신선한 시도였다. 판타지의 한계는 있지만 엘사의 변화는 아렌델 왕국에 봄이 다시 찾아오는 것으로 확실하게 표현된다.

자기를 통제하느라 모든 에너지를 자기에게 집중하고 있던 엘사는 동생 안나가 언니를 돕고자 분투하는 모습을 보지 못한다. 북쪽 얼음성까지 죽을 고비를 넘겨가며 언니를 찾아온 안나에게 쉽게 돌아가라고 말할 정도다. 마법의 힘이 없는 안나가 그곳까지 오려면 어떠한 고난이 있었을지, 자기가 얼려버린 왕국은 어떤 상황인지도 모르면서 자기 혼자만 있으면 자신도 편하고 주위 사람들도 편할 것이라고 생각한 것이다. 눈앞에서 동생이 얼음이 될 때까지 부모님의 처방에만 매여 감정을 숨기고 차단하고, 사람들과 멀리 떨어져 숨어있으려고만 하고,

문제가 생기면 도망치기에 바빴던 엘사는 동생의 큰 사랑을 깨닫고 눈물을 흘리고 그로 인해 사랑의 힘을 깨닫게 된다. 그렇게 큰 힘을 가졌는데도 사랑이라는 더 큰 힘을 보지 못했던 것이다.

　현실로 돌아와 보자. 사랑이라는 것은 예술의 가장 큰 주제이며, 어떤 이들은 사랑에 대해 환상을 가졌을 수도 있지만 또 어떤 이들은 냉소적일 수도 있다. 과학이 말하는 것처럼 남녀 간의 사랑이 두뇌에서 일어나는 한정적인 화학반응일 뿐 동화가 그리는 진실한 사랑은 없을 수도 있다. 가족 간의 사랑 역시 인류가 키워 온 환상에 불과한 것일 수 있다. 실상은 가족 안에서 더 상처받고 유대가 끊어진 사람들도 있다. 그래도 사랑은 분명히 존재하는 것이고 부인할 수 없이 큰 힘을 가진 것이며 인류가 추구해야 하는 가치이자 덕목이며 인류의 희망이라는 점은 동의하지 않을 수 없을 것이다. 영화에서 그리는 사랑은 얼마나 아름다운가. 누구나 그러한 사랑을 꿈꾸기 때문에 끊임없이 영화로 그려지고 있는 게 아닐까? 가장 가까운 사람이 내가 가장 힘들고 어려울 때에 무조건적인 사랑으로 나를 지지하고 나를 위해 희생할 만큼 나를 아끼고 돌봐준다면 당연히 행복하고 기쁠 것이다. 또 나 자신에게 그러한 사랑을 할 수 있는 성숙함이 있다면 그보다 더 좋을 수 없을 것이다. 안나는 엘사가 늘 숨기고 말하지 않았기 때문에 왜 자기와 놀기를 거부하고 혼자 있으려고만 하는지 이해하지 못했다. 그러나 이해하든 못하든 안나는 엘사에게 사랑으로 다가가고 도우려 했다. 사랑은 이해를 넘어서는 것임을 안나는 보여주었다. 이해할 수 없을 때에도 사랑하는 그런 사랑이 가족을 포함해 모든 사람들 안에 있었으면 좋겠다.

생각해 볼 주제 대사

1. 엘사에게 방법을 일러주는 부모

"감추고, 느끼지 마, 사람들이 모르게 해(들키지 마)"

"불안해하면 더 악화시킬 뿐이야. 진정해"

2. 안나의 말

"사람들은 용기를 내라고 말하지. 나도 그러려고 하는데.. 난 언니를 위해 바로 여기 있어 그냥 나 좀 들여보내줘. 우린 서로밖에 없어."

3. 엘사가 스스로에게 늘 되뇌어 온 말

"착하게 굴어 언제나 그래야 해"

3. 대관식을 준비하며 불안한 엘사

"하나라도 실수하면 모두가 알아차릴거야"

4. 결혼을 반대하는 엘사에게 도전하는 안나

"난 더 이상 이렇게 살 수 없어. 도대체 뭐가 그렇게 두려운거야?"

5. 크리스토프: "산으로 사라지는 사람들 대부분은 혼자 있고 싶어서야."

안나: "혼자이고 싶은 사람은 없어요."

6. 얼음성으로 찾아온 안나가 같이 내려가자고 하지만 거절하는 엘사.

"안나, 나는 여기 있어야 돼. 혼자. 아무도 상처주지 않고 나답게 있을 수 있는 곳."

7. 함께 가자고 얘기하는 안나

"제발 문을 닫지 마. 더 이상 거리를 둘 필요 없어. 왜냐하면 태어나서 처음으로 이제야 이해하게 됐어. 우리 힘으로 해결할 수 있어. 같이 내려가자. 두려워하며 살 필요 없어. 왜냐하면 태어나서 처음으로 내가 함께 할게."

8. 엘사의 고백

"날 내버려 둬. 그래 난 혼자야 하지만 동시에 난 자유로워.

9. 엘사에게 실상을 알려주는 안나

"아렌델은 깊고 깊은 눈 속에 파묻혔어. 언니가 무슨 영원한 겨울처럼 만들어 놓았어."

"우리 같이 이 일에 맞서자. 이 겨울 날씨를 바꿀 수 있어."

10. 사랑전문가 트롤들의 노래

네가 그를 바꿀 수 있다는 게 아냐. 왜냐면 사람들은 안 변하거든. ♪♬ 그저 사랑엔 강력하고 이상한 힘이 있다는거지.

사람들은 화나거나 겁먹고 스트레스 받으면 좋지 않은 선택을 하곤 하지.

그러나 조금의 사랑만 더해주면 최고의 결과가 생길거야.

모든 사람들은 다 단점이 있지. 다 그런거야.

우리 모두가 성장하며 어른이 되기에 필수야.

이렇게 조금만 멀리 있어도 모든게 작아 보이지
그리고 한때 나를 지배했던 두려움은
이젠 아무것도 아니야!
이제 내가 뭘 할 수 있는지 알아볼 시간이야
한계를 시험하고 그것을 넘어서기 위해
옳고 그름, 규칙 따윈 없어
나는 자유야!

-Let it go 중에서-

▶️ 마음 코칭 1 - 정화적 접근

나의 감정, 나의 생각

   동생의 사고 이후 불안에 사로잡힌 엘사에게 부모님은 '숨기고 느끼지마, 보여주지 마'라고 가르친다. 엘사가 감정을 느끼면 바로 마법의 힘이 눈과 얼음으로 형상화된다. 우리는 대부분 적당히 감정을 숨길 수 있다. 특히 부정적인 감정은 억누르는 것을 미덕으로 배웠다. 그러나 엘사처럼 느끼는 그대로 밖으로 표현된다면 어떻게 될까? 사람들이 어떻게 생각할까 두려울 것이다.

   우리는 감정을 어떻게 다루는지 배우지 못했다. 그러나 억압된 감정은 반드시 크게 터지는 법이다. 그래서 엘사처럼 자신을 Let it go 하면서 풀어줄 수 있어야 하는데 다만 건강한 방식이어야 한다. 우선 내 감정을 인식하는 것부터 시작해서 감정을 잘 다루어 부풀어오른 풍선에서 살살 바람을 빼듯이 감정을 소산해야 한다.

   감정과 생각을 다루기 위해 다음의 질문에 답을 해보자.

정리하기

Q1. 주인공이 혼자 방 안에만 있는 모습에서 어떤 감정이 느껴지나요?

Q2. 자신이 그러한 감정을 느껴본 경험이 있다면 어떤 일 때문이었나요?

Q3. 혹시 차단하고 있는 감정이 있다면 무엇이 두려운지 적어보세요.

Q4. 자신이 가장 잘 느끼는 감정과 잘 모르는 감정에 대해 적어보세요.

🎥 마음 코칭 2 - 지시적 접근

모델링

좋은 모델	나쁜 모델
언니에게 포기하지 않고 다가가고 밝게 생활하는 안나 – 언니가 거부하면 실망하고 돌아서기를 반복하면서도 포기하지 않고 자주 다가간다. 자신의 밝은 성격을 잘 유지하고 감정 표현을 잘 한다. 덕분에 엘사의 어두운 분위기를 안나의 밝은 분위기가 상쇄할 수 있었을 것이다	**상대의 약점을 이용해 자기의 욕심을 이루려는 한스 왕자** – 자기의 야망은 스스로 해결해야 한다. 누군가를 특히 약점을 이용하는 것은 정말 비열한 짓이다. **엘사를 위한 것이었지만 결국 엘사를 힘들게 하는 처방을 준 부모** – 부모는 숨기라고만 했다. 엘사보다 부모가 더 불안했을 것이고 그 불안이 엘사에게 그대로 전가되었을 것이다. 분명 두 딸을 무척 사랑하는 선량한 부모였지만 해결책을 찾아 더 노력할 수 있지 않았을까?

두려움 없이 방법을 찾는 적극적인 안나 – 마법의 힘이 드러난 엘사가 얼음강을 건너 도망치자 두려움 없이 쫓아가면서 눈보라를 만나도 방법을 찾고 해결하고 적극적으로 행동하여 해결책을 찾으려 노력한다. **안나를 돕는 크리스토프** – 함께 어려운 과정을 헤치면서 선한 마음으로 안나를 돕는다.	

1. 코칭 포인트: 변화를 위해 근본적인 것을 바꾸기 위해 노력했나요? 혹시 숨기고 감추는데 급급하지는 않은지 자신을 성찰해 봅시다.

2. 코칭 포인트: 가까운 사람들 중에 도움이 필요한 사람이 있다면 어떤 방법이 있을지 생각해 봅시다. 혹시 도움이 필요한 사람이 자신이라면 스스로 어떻게 도울 수 있을지도 생각해 봅시다.

정리하기

Q1. 영화 속에서 자신이 생각하는 또 다른 좋은 모델이 있나요?

Q2. 엘사의 부모님이 다른 방법으로 엘사를 돕는다면 어떤 방법이 좋을까요?

Q3. 누군가를 도우려 하는데 어떤 어려움이 있나요?

Q4. 엘사에게 해주고 싶은 말이 있나요?

Q5. 불안을 회피하려고 할 때 쓰는 자신의 방어기제는 무엇인가요?

Q6. 바꾸기 위해 할 수 있는 방법엔 어떤 것들이 있을까요?

🖤📹 마음 코칭 3 - 연상적 접근

영화 속 상징과 은유

장갑은 엘사가 자신의 힘을 숨기고 감정을 느끼지 않기 위해 손을 감추는 일종의 방어기제다. 동생을 다치게 할 뻔했던 기억 때문에 엘사는 자신의 힘을 두렵게 느끼고 감정을 느끼면 다시 마법이 쓰일까봐 모든 감정을 차단한다. 감정은 느낌이고 느낌을 가장 잘 표현하기 위해 엘사의 마법은 손의 느낌 즉 '촉각'을 매개로 한다.

1. 코칭 포인트: 자신의 방어기제는 무엇인가요? 숨기고 싶은 자신
   의 모습은 어떤 것인가요?

눈은 어린 시절 놀이와 연결되는 것인데 재미있는 추억이 되기도 하지만 부드러우면서도 차갑게 모든 것을 얼려버릴 수 있는 것이다. 또한 따뜻함과 대비되는 차가움의 상징으로 잠재적인 힘에 대한 부정적인 은유다. 통제되지 않는 힘은 차갑기만 하다. 또한 눈은 녹으면 물이 되지만 더 온도가 내려가면 얼음이 된다. 엘사는 어떻게 눈을 녹이는지 몰랐고 변화시키지 못한 차가운 눈은 얼어버리는 순간 누군가를 해칠 수도 있는 얼음이 될 수 있다는 불안을 느끼게하는 것이다.

얼음 성은 엘사가 처음으로 자신을 있는 모습 그대로 인정하고 자기

다운 삶을 살기로 결심하면서 능력을 맘껏 발휘하여 지은 것이다. 그동안 눌러왔던 힘이 폭발해 순식간에 스스로도 놀랄 만큼 크고 멋진 성이 완성되었고 엘사의 모습까지 바뀌었다. 남들이 원하는 모습이 아닌 얼음성에 어울리는 자기 본연의 모습을 찾은 것에 대한 은유다. 손이 닿는 작은 물건 하나도 얼려버릴까봐 벌벌 떨던 이전의 엘사가 아니라 손이 닿지 않아도 거대한 얼음성을 세워버리고 변모한 모습은 자기 자신이 되었을 때의 파워를 보여주었다. 자신의 힘을 더 이상 숨길 수 없음을 표현한 것이다.

2. 코칭 포인트: 자신에게 불안을 야기하는 것은 어떤 것인지 돌아봅시다. 그리고 자신의 본 모습을 억누르지 않고 엘사처럼 풀어놓을 수 있다면, 즉 엘사처럼 자신을 자유롭게 할 수 있다면 자신의 어떤 점을 풀어주고 싶은지 써봅시다.

부모님이 만난 **풍랑**은 엘사의 불안한 마음을 그대로 나타낸다. 보는 사람도 불안하다. 내 의지와 상관없이 불안한 환경에 대한 은유라고 볼 수 있다. 자신을 지켜주고 지지해주던 부모님은 영원히 곁에 있을 수 없다. 의지하던 존재가 사라질 것에 대한 불안은 누구나 있을 수 있다.

눈보라는 통제력을 상실한 엘사의 마음이 만들어낸 것으로 이 또한 엘사의 마음을 형상화한 것이다. 엘사의 불안과 두려움은 점점 더 강해지는 눈보라를 만들어내고 안나는 엘사를 찾아가는 길에 눈보라를 만나 고난을 겪는다. 덕분에 아렌델 왕국은 겨울에 갇혀버린다.

눈괴물은 엘사의 자기방어가 공격성으로 형상화된 것이다. 불안하고 두려운 마음은 자기를 방어하기도 하고 반대로 공격적이 될 수 있다. 다가오는 사람들을 위협하기도 하고 소리를 지르고 화를 내기도 하며 도망가는 사람들을 쫓아가기도 한다.

3. 코칭 포인트: 자기 자신의 불안한 마음을 어떤 형상으로 표현할 수 있을지 생각해봅시다. 그리고 풍랑이 가라앉은, 눈보라가 그친 내 마음 속 왕국을 상상하고 그려봅시다.

3부 결벽증과 인지 왜곡:
강박 장애에 대한 영화적 희망

6장 계획 속에 자신을 가둔 남자
<플랜맨Plan Man>

개요: 코미디 | 한국 | 115분 | 2013
감독: 성시흡
출연: 정재영(한정석 역), 한지민(유소정 역)
등급: 15세 관람가

　도서관 사서로 일하는 정석(정재영 분)은 모든 일에 계획을 세우고 알람을 맞춰 1초도 틀림없이 성실한 생활을 하다 6:00 기상, 침구 교체와 다림질. 6:35 샤워, 드라이기로 욕실 물기 제거. 8:00 옷 입기, 8:30 출근, 8:42 횡단보도 건너기… 그리고 모든 물건의 줄을 맞추고 수시로 손소독제로 손을 닦고 깨끗하지 않은 것은 만지지 않는다.

　예측불가능하고 무질서하며 세균투성이인 이 세상에서, 모든 일에 알람을 맞춰 계획대로 사는 삶을 추구하는 정석이 12:15에 편의점에 가는 이유는 거기서 아르바이트를 하고 있는 지원(차예련 분) 때문이다. 언제나 짧은 손톱에 머리카락 한 올도 삐져나오지 않고 늘 단정하며 편의점의 모든 물건을 깔끔하게 줄 맞춰 정돈하고 소독제를 손에서 놓지 않는, 자신과 꼭 닮은 지원을 짝사랑하고 있어 100일동안 그녀를 관찰하고 있는 중이다. 드디어 100일이 지나 그녀에게 고백하러 만반의 준비를 갖추고 편의점에 도착해 100일 동안 쓴 관찰일기를 내놓으며 고백을 시작한다. 그러나 몸을 숙이고 있던 사람은 지원이 아니다. 더구나 그녀가 덤벙대며 쌓아놓은 물건을 건드리는 통에 물건들이 쏟아져 엉망이 되자 정석은 기겁을 하며 도망쳐 나온다. 그녀는 다이어리를 집어들고 정석을 쫓아가지만 정석은 바람같이 사라진다.

저녁에 다이어리를 찾으러 다시 편의점에 간 정석은 그녀가 편의점 주인의 딸 소정(한지민 분)이라는 것을 알게 되고 소정을 만나러 그녀가 노래하는 클럽으로 간다. 소정이 신곡을 부르겠다며 '플랜맨'이라는 노래를 하는데 틀림없는 정석의 이야기다. 놀라서 눈이 커지는 정석과 노래 부르던 소정의 눈이 마주친다. "어? 플랜맨이다!" 정석이 화를 내며 뛰쳐나가자 소정이 얼른 쫓아나온다. 다이어리를 주며 "아저씨 내가 도와줘요? 나 그 언니랑 엄청 친한데." 라며 싱글거리는 소정이 정석의 눈에는 이상하기만 하다.

소정의 도움으로 정석은 드디어 지원을 만나게 되지만 지원은 이렇게 삼각김밥 줄이나 맞추고 하루에도 수백 번 손을 씻으며 같이 밥 먹을 사람 하나없이 사는 삶이 지긋지긋하다며 정석에게도 병원에 가보라고 권유하면서 그를 거절한다. 소정은 거절당하고 집으로 돌아가는 정석에게 밴드 오디션 안내 전단지를 내밀었다. "우리 이거 같이 할래요?" '플랜 맨'은 정석의 노래니까 같이 밴드를 해서 오디션에 나가자는 소정의 제안을 정석은 말도 안 된다며 거절한다.

지원의 거절로 충격에 빠진 정석은 병원에 가서 상담을 시작한다. 그

동안 있었던 일을 얘기하며 다이어리를 보여준다. 의사는 정석에게 그녀를 위해서라도 변화해보자며 주변 사람들에게 의견을 물어 정석의 문제를 노트에 정리해오라고 한다. "내가 진짜 이상해요?" 사람들에게 물어보기 시작한 정석은 편의점에 들러 소정에게도 질문하는데 "아저씨 완전 이상해요!" 라는 답을 듣는다.

정석은 그룹 상담에 들어가 다양한 증세의 사람들과 얘기를 하게 된다. 분노 장애가 있는 남자가 정석이 쳐다본다고 화를 낸다. 각자 이야기를 하는 중에 분위기는 산만해지고 급기야 사람들은 서로에게 화를 내거나 울고 충돌하기도 한다. 그러자 더 이상 참지 못하고 갑자기 폭발한 의사가 사람들에게 참았던 말을 쏟아 놓는다. 정석은 조용히 빠져나오려다가 아까 화를 낸 남자가 와서 미안하다며 껴안는 바람에 기겁하여 세탁소로 달려간다. 이런 일이 익숙한 듯 주인 아저씨는 정석의 재킷을 벗기고 소독제를 뿌려주자 그제야 정석은 숨을 고른다.

정석은 다시 편의점으로 지원을 찾아가 이제 병원을 다니고 있다며 자신이 변하기 위해 노력하고 있음을 어필한다. 옆에서 소정이 밴드 정도는 해야 변화라고 할 수 있다고 하는데 정석은 머뭇거린다. 소정이 "별로다 이 남자"라고 하자 밴드를 하겠다고 한다. 대신 자신이 변할 수 있게 소정에게 도와달라고 한다. 정석이 자기 문제를 정리한 노트를 보여주자 소정은 순식간에 정석의 인생을 뒤집어 놓는데, 알람을 맞추지 말라면서 정석의 알람시계를 가져가 버린다. 알람시계가 없어지자 정석은 밤새 잠을 자지도 못하고 뜬 눈으로 지새다 급기야 출근 8년 7개월 26일 만에 처음으로 지각을 한다. 점심시간에 소정을 찾아가 알람시계를 돌려달라고 하지만 소정은 조금 더 참아보라고 하고, 다룰 줄 아는 악기가 있냐고 묻는다. 피아노를 조금 친다고 하자 소정은 피아노를 쳐보라며 집으로 데려간다. 건반을 모두 닦고 나서야 피아노를 치는 정석은 놀라운 피아노 실력을 선보인다. 깜짝 놀란 소정이 정석을 와락 껴안으며 기뻐하자 또 다시 기겁한 정석은 세탁소로 달려가고 덕분에 점심시간이 15분이나 지나 다시 도서관으로 급히 돌아간다. 알람이 없는 정석의 하루는 이렇게 순식간에 엉망이 되는데, 직장 동료들은 박수를 치고 환호한다.

정석과 소정은 오디션 1차 예선에서 합격을 한다. 소정은 '유부남'이라는 노래를 반드시 심사위원 강병수 앞에서 불리야 한다며 야심차게 준비를 했다. 밴드 활동을 하다가 만났던 그 사람은 유부남이라는 사실을 숨기고 소정과 연애를 했었는데 소정은 사실을 알고 충격을 받았고 주위 사람들에게 오해를 받아 그에게 복수하려고 만든 노래다. 한편 정석이 오디션에 나온 방송을 본 도서관 사람들은 기뻐하며 축하해주고, 방송인 구상윤이라는 남자가 오디션 방송을 보고 정석을 찾아온다. 정석은 어릴 때 '기억력 소년'으로 유명했는데 구상윤이 진행하는 방송에 출연한 과거가 있다. 구상윤이 등장해 정석의 과거를 안다고 말하자 무슨 일인지 정석은 자신이 아닌 것처럼 못 알아듣는 척을 하고 버럭 화를 낸다. 그리고 소정을 찾아가 오디션 2차를 못하겠다고 말한다. 소정은 어차피 1차만 나가려 했다며 괜찮다고 정석을 안심시킨다. 길고양이 밥을 주던 소정이 갑자기 고양이를 들어 정석에게 만져보라고 한다. 더러운 것을 못 만지는 세 번째 고칠 점을 시도해보라는 것이다. 정석은 기겁하면서 이건 위험한 것이라며 고양이로 인해 걸릴 수 있는 병을 읊어 대지만 소정은 정석의 품에 고양이를 안기고 편의점 손님에게 가버린다. 숨이 넘어갈 듯 놀란 정석의 품에서 고양이는 오줌을 싸고 정석은 쇼크 상태가 되어 편의점에서 쓰러진다. 앰뷸런스가 와서 정석을 싣고 가는데 도중에 깨어난 정석은 세탁소를 가야 한다고 소리치며 벌떡 일어나고 앰뷸런스는 세탁소 앞에 선다. 황급히 내려 세탁소로 뛰어들어간 정석은 세탁소 아저씨의 도움으로 겨우 정신을 차린다. 정석과 소정이 다시 편의점으로 되돌아가고 있을 때, 도서관에서는 정석에게 전화해 조퇴하라고 하며 박수치고 칭찬을 한다. 마침 그 때 강병수가 찾아와 소정을 다그치고 화를 낸다. 소정이 2차는 안 나갈거라고 말하자 그제서야 생각 잘했다며 아무도 네 편이 되지 않을거라고 하는 말을 정석이 듣게 되었다. 정석이 참지 못하고 끼어들어 우리 2차 나갈 거라고 하자 남자는 화를 내며 나가고 소정은 정석의 등에 기대어 눈물을 흘린다. 정석은 또 다시 세탁소로 가 눈물 자국이 있는 재킷을 아저씨께 맡기며 요즘 자기가 이상해졌다고 말한다.

그룹 상담에서도 정석은 축하를 받는다. 병원에서는 마지막 시간을 앞두고 초대장을 나눠주며 반드시 자기의 변화를 보여줄 사람을 한 명 데리고 오라고 한다. 초대장을 들고 편의점으로 가던 정석은 자꾸 편의점 위 소정의 방에 눈길이 간다. 망설이고 있는 정석의 손에서 누군가 초대장을 집어든다. 편의점 주인 아주머니가 지원이 손에 초대장을 전달하며 둘이 영화나 보고오라고 선심을 쓴다. 소정이 지원을 대신하여 편의점을 보고 지원과 정석은 영화관에 가서 팝콘을 먹으며 얘기를 나눈다. 그러나 대화 속에 자꾸 소정의 얘기가 나오자 정석의 마음을 눈치 챈 지원은 주고싶은 사람에게 주라며 초대장을 돌려주고 혼자 영화관으로 들어간다. 정석은 다시 편의점에 가서 소정에게 초대장을 준다.

정석이 집에서 청소를 하고 있는데 소정이 찾아온다. 2차 예선을 앞두고 단합을 하자며 소주를 내민다. 정석의 청결한 공간에 난입한 장난꾸러기처럼 소정은 정석의 혼을 쏙 빼놓지만 정석도 차츰 소정에게 자신의 일상을 공유한다. 베란다에서 보이는 이웃들의 생활을 얘기하며 자신이 남들에게 어떻게 보일까 생각한다는 정석에게 소정은 따뜻한 눈빛을 보낸다.

방송국에서는 구상윤의 제보로 정석의 정체를 알게 되고 이를 흥미롭게 공개할 음모를 꾸민다. 소정의 노래로 인해 게시판에 올라온 의견이 못마땅한 강병수도 이를 알게 되어 가세한다. 드디어 2차 예선 날 카메라 앞에 선 소정을 구석에 몰아넣는 심사위원들, 그리고 소정을 위해 나서는 정석에게 기억력소년이었던 과거를 언급하며 강병수가 심한 말로 공격하자 정석은 강병수의 멱살을 잡고 열폭하고 만다. 이 모든 것을 촬영한 방송이 나가자 정석의 주변 사람들은 모두 그 방송을 보게 된다. 소정이 정석을 뒤쫓아오며 왜 얘기하지 않았냐고 묻는데, 정석은 소정에게 마음에도 없는 가시돋힌 말을 한다. 그 사람 말대로 자기를 이용한 거 아니냐며 진짜 유부남인걸 모르고 만난 거 맞냐고 묻는다. 소정은 마음의 상처를 받아 뒤돌아선다.

정석은 출근도 안하고 집에서 나오지 않는다. 세탁소 아저씨가 찾아가 소정의 눈물 자국 때문에 맡긴 자켓을 주면서 지금 뭐하는 시간이냐고 묻는다. 소정은 클럽에서 플랜맨 노래를 무르다 깅냉수틀 찾아가 기타로 그를 후려치고, 정석은 병원 발표회에 간다. 정석이 무대에 서자 소정이 도착한다. 정석은 트라우마가 생긴 생방송 무대에 섰던 8살 진우로 돌아가 얘기를 한다. 어릴 때 비상한 기억력으로 방송에 출연하고 미국으로 가서 공부할 계획이 잡혀 있었으나 엄마와 떨어져 미국에 가고 싶지 않았던 진우는 생방송에서 일부러 틀린 답을 말했다. 사람들은 조작이고 사기라며 진우(정석)와 엄마를 몰아붙이고 기자들이 몰려들어 엄마가 계단에서 떨어져 죽는 사고가 일어났던 것이다. 큰 충격에 빠진 정석은 그 이후 엄마에 대한 미안함으로 피가 나도록 손톱을 짧게 깎고 강박과 결벽으로 살아왔다. 무대에서 오열하는 진우(정석)를 보는 소정과 관객들도 모두 눈물을 흘리며 가슴 아파하고 의사선생님이 엄마처럼 진우를 안아주면서 괜찮다고 다독거려준다. 뒷자리에 와 있던 구상윤도 정석을 몰래 촬영해서 방송하려던 계획을 포기한다.

정석과 소정이 집으로 함께 돌아가는 길, 갑자기 비가 쏟아지고 비를 피하며 어색한 대화를 하다가 소정이 정석에게 알람 시계를 돌려준다. 집에 가려고 돌아서는데 정석이 어렵게 좋아한다고 고백을 한다. 소정이 "여자 사귀면 키스는 언제 해요?"라고 질문해 당황한 정석에게 기습 뽀뽀를 한다. 놀라서 숨을 멈추고 기절한 정석의 얼굴은 웃고 있다.

정석과 소정은 클럽에서 함께 '플랜맨' 노래를 하고 주변 사람들 모두 모여서 두 사람에게 박수를 보내며 영화는 막을 내린다.

정석의 불안에 영향을 미친 요인

하나, 정석의 엄마는 지나치게 깔끔하고 세세히 계획을 세우는 사람이었다. 완벽한 성향의 엄마와 살면서 어린 진우도 늘 깔끔한 옷차림과 단정한 머리, 집에 들어가면서 신발을 정리하고 들어오는 생활에 익숙하다. 깔끔해야 하고 정돈되어 있어야 한다는 생각이 정석의 강박이되었다.

둘, 엄마와의 분리에 대한 두려움이 있었다. 영화에서 진우의 아버지는 나오지 않는다. 방송에 출연할 때도 늘 엄마만 와서 같이 있는 것으로 보아 어려서부터 아버지 없이 엄마하고만 살았다는 것을 알 수 있다. 아이큐 220의 기억력 소년이었을 때 미국에 가기로 한 계획은 엄마와 떨어지기 싫은 진우를 불안하게 만들었다. 엄마와 떨어지기에 너무 어렸던 8살 아이는 불안감에 방송을 망치고 그로 인해 엄마가 돌아가시는 사고가 난다. 불안이 현실화된 것이다.

셋, 어린 시절의 트라우마로 인해 깨끗하지 못한 모든 것, 계획에 없는 모든 것에 대해 불안을 느낀다. 정석은 무대에서 어린 진우가 엄마에게 늘 들어왔을 것 같은 말을 한다. 손톱을 깨끗이 자르겠다, 옷에 뭐 안 묻히겠다, 더러운 것을 안 만지겠다, 책상 정리를 잘 하겠다 등등 청결과 정돈이 엄마의 뜻이라는 신념을 갖고 살아가다 보니 그게 대한 강박이 생긴 것으로 보인다.

정석의 불안 증상

1. 모든 일에 알람을 맞춘다.

기상과 취침, 샤워와 뒷정리, 출근과 점심시간, 편의점에 들어가는 시간과 취침시간까지 반드시 알람에 맞춰 생활한다. 알람시계가 없으면 불안해서 잠도 오지 않는다.

2. 줄이 비뚤어진 것을 못 참는다.

정리 강박이 있다. 자고 일어나면 침구도 새로 교체하고 줄을 맞춰 정돈하고 다림질을 해 놓는다. 요일별로 입을 속옷과 겉옷도 색깔별로 정리되어 있다. 집도 일터도 정석이 있는 곳은 언제나 완벽히 정돈되어 있다. 자를 대고 선을 긋고 양말도 짝끼리 줄 맞춰서 넌다. 심지어 매일 들르는 편의점에서 삼각김밥의 줄이 맞지 않으면 정석이 맞춰 놓을 정도다. 필요한 물건이 정리된 가방을 늘 매고 다니는데 밴드 오디션에서도 어깨에 맨 채 키보드 연주를 한다. 책을 가지런히 정리하는 도서관 일을 늘 성실히 잘 해내지만 회의시간에 똑바로 놓이지 않은 다른 사람의 커피잔이나 흐트러진 넥타이, 삐져나온 실밥이 눈에 들어오면 다른 일에 집중을 못할 정도다. 정돈되지 않은 것은 모두 눈에 거슬리고 바로잡지 않으면 견딜 수 없어 불안으로 귀를 잡아당기면서 다리를 흔들고 온 몸을 떤다.

3. 더러운 것을 맨손으로 절대 못 만진다.

결벽증 때문에 늘 손소독제를 달고 산다. 스프레이까지 가방에 넣고 다니며 수시로 뿌린다. 다른 사람들과 접촉하는 일은 꿈도 못 꾼다. 누군가 몸에 닿으면 숨이 넘어갈 듯 놀라 공포 반응을 하고 즉시 세탁소로 달려가 옷을 세탁하는데 스스로 벗지 않고 세탁소 아저씨가 벗겨준다. 고양이가 옷에 오줌을 싸자 쇼크 상태가 되어 앰뷸런스에 실려가고, 좋아한다고 고백한 후 소정이 뽀뽀했을 때도 기절한다. 피아노나 키보드를 칠 때도 모든 건반을 닦은 후에야 친다. 그 외에 비닐 장갑을 끼고 신발을 정리하거나 문 손잡이를 잡고 늘 머리에 캡을 두르고 자는 등 누가 봐도 결벽증임을 알 수 있다.

4. 계획에 없는 일은 절대 하지 않는다.

도서관에서 일하면서 한 번도 지각해 본 적도 없고, 여자에게 고백도 계획을 세워서 하고, 계획에 없는 사람은 만나지 않는다. 계획에 없는 일이 벌어지면 당황하고 불안해서 어쩔 줄 몰라 한다.

5. 정석은 세균에 대한 공포를 포함해 건강에 대한 염려도 지나치다. 계획대로 잘 돌아가는 세상을 건강한 사람에 비유하였는데 실제로 이웃들을 보면서 담배피는 아이는 뼈 삭는다고 걱정하고, TV를 틀어 놓고 졸고 계시는 노부부를 보면서 전자파 때문에 안 좋다고 한다거나, 고양이를 만져보라는 소정에게 고양이 기생충 때문에 생길 수 있는 병의 위험성을 얘기하는 등 건강 염려증도 있음을 볼 수 있다. 그래서 아마 청결과 위생에 더 집착했을 것이다.

정석의 변화 과정

정석은 강박과 결벽이 완전히 없어지지는 않았지만 조금씩 변화되었다. 병원을 다니면서 개인 상담과 그룹상담을 계속했으며 변화하기 위해 여러가지를 시도하며 노력했다. 마지막 발표까지 용기 있게 나아가 마음을 열어 오래된 트라우마를 꺼내 놓았다. 정석의 용기 있는 걸음걸음을 살펴보자.

1. 병원에 가기, 자기 인식

지원의 권유로 병원에 가게 된 정석은 상담 후 주위 사람들에게 자기에 대한 생각을 묻고 스스로도 자신이 진짜 이상한지 의문을 가졌다. 소정에게 직접적으로 이상하다는 평가를 받고, 밴드 제안을 받고 피아노 치고 소정이 껴안는 일이 있은 후 세탁소 아저씨에게 자신이 요즘 이 상해졌다고 말하는데 이는 스스로 심경의 변화를 인지했다는 뜻이다. 늘 알람을 맞춰 계획대로만 생활하는 성실하고 청결한 사람이었던 자기가 다른 사람 눈에 어떻게 보일까를 생각하면서 자기 인식이 시작되었다. 스스로 생각하고 느끼는 것에 뭔가 달라졌음을 인지하는 것은 좋은 출발의 신호다.

2. 소정에게 도움을 요청하기, 고치기 위한 노력

밴드를 하겠다고 한 정석은 대신 소정에게 도움을 요청한다. 거침없고 즉흥적인 소정은 정석의 손목에서 알람 시계부터 빼 버린다. 알람을 맞추지 않자 순식간에 흐트러지고 무너지는 일상을 정석은 견딘다. 그리고 소정이 고양이를 만져보라고 안겨주었을 땐 기절했지만 나중에는 스스로 가서 만져보는 등 스스로 고치기 위해 노력한다.

3. 사람들의 응원과 지지를 받기, 혼자가 아닌 여럿의 힘

정석이 알람시계 없이 밤을 꼬박 지새우고 늦잠을 자서 처음으로 지각한 날, 그리고 고양이 때문에 기절해서 119에 실려간 날, 도서관 동료들은 환호성과 박수로 칭찬을 하고 조퇴를 권유한다. 오디션에 나갔을 때도 모두 정석에게 좋은 얘기만 해주고 진심으로 축하해주었다. 그룹 상담에서는 비슷한 문제를 가진 사람들끼리 모여 충돌하기도 했지만 정석이 밴드를 하고 오디션에 나가서 1차 예선을 통과한 용기에 대해 감동을 받고 서로를 이해하고 지지하며, 마지막 발표를 준비할 때도 정석을 걱정한다. 그렇게 응원과 지지가 있었기에 정석은 자신의 트라우마를 꺼내어 얘기할 수 있었다. 사랑, 관심, 도움을 받는 것도 용기다. 완벽주의가 있는 사람들은 혼자서 모든 일을 해결하려고 하기 때문에 도움을 받지 않고 관심을 불편해하는 경향이 있다. 정석은 마음의 빗장을 하나씩 빼내는 것처럼 수줍어하면서도 싫어하지 않고 사람들의 관심과 지지를 받았다. 이는 삼겹줄처럼 정석이 변화하는데 큰 힘이 되어주었을 것이다.

4. 마음의 상처와 아픈 기억 고백하기, 자기 개방

정석은 자신의 상처를 발표한다. 엄마가 어떻게 돌아가시게 되었는지, 엄마랑 떨어지기 싫어서 했던 행동이 얼마나 무시무시한 결과를 가지고 왔는지, 왜 자신이 이렇게 청결과 계획에 목을 매는지… 8살 어린 아이로 돌아가 눈물을 흘리고 "엄마, 미안해요." 하면서 엄마를 다시 만난 것처럼 화해한다. 어린 아이가 감당하기에는 너무나 큰 고통이었던 상처를 드러내자 그제서야 사람들은 정석을 이해할 수 있게 된다. 그 사람의 고통과 삶을 이해할 수 있게 되면 그 사람을 포용할 수 있다. 아니 이해하지 못한다고 해도 마음으로 안아줄 수 있다. 모두 괜찮다고 말해줄 수 있다. '괜찮아..' 이 한마디가 변화를 가져온다.

생각해 볼 주제 대사

1. 정석의 평소 생각

"계획대로 움직인다는 거는 세상이 잘 돌아간다는 거고 사람으로 치면 성실하고 건강하다라는 뜻입니다."

2. 지원에게 고백하러 갔는데 소정이 나타나 당황해서 도망친 정석

"이런 건 계획에 없었습니다."

3. 정석이 고백하자 지원이 하는 말

"같이 밥 먹을 사람도 없이 맨날 물건들 줄이나 맞추고 알람이나 맞추면서 그렇게 사는 게 진짜 좋아요?"

4. 의사의 권유

"그 여자 때문에라도 뭔가 변화를 줘보자는 거죠. 그런 한정석씨가 싫다는 거지, 한정석 씨 자체가 싫다는 건 아니잖아요. 그쵸? 우리 다른 사람들과 한정석씨의 다른 점들을 한 번 정리해보도록 해요."

5. 2차를 포기하겠다는 정석

"못할 것 같은데. 사람들이 알아보는 것도 싫고…"

6. 세탁소 아저씨와의 대화는 정석의 인지적 변화를 보여준다.

"제가 이상해졌어요 요새."

"자네 원래 이상해."

"아니 원래랑 다르게 이상해졌다니까요 제가."

"원래 이상한데서 이상해졌으면 이제 정상이 된 거 아닌가."

7. 그룹상담에서 얘기를 나눈 후 서로 지지하는 사람들

"용기 내 주셔서 감사합니다."

8. 손을 안씻고 버티는게 힘들다는 지원에게 소정한테 들은 말을 하는 정석

"원래 사람은 쉽게 변하는 게 아니래요. 쉽게 변하면 사람이 아니라 변신괴물이래요, 변신괴물"

9. 정석의 일상적 궁금증

"내가 보는 것처럼 저 사람들도 절 봤을 때 혼자 있는 것 보면 어떻게 생각할까요? 이상해 보이겠죠?"

10. 어린 진우(정석)의 꿈

"나중에 크면 엄마랑 같이 세탁소 하고 싶어요."

11. 무대에서 울면서 엄마에게 속마음을 얘기하는 진우(정석)

진우: "엄마 나 이제 손톱도 깨끗이 자를 거고 옷에 뭐 안 묻히고 드러운 것도 안 만지고 책상 정리도 잘 할게요. 엄마 말도 잘 듣고 엄마가 시키는 것도 내가 잘 할 테니까. 그러니까…"

엄마: "진우야, 아니야. 네 잘못이 아니야. 괜찮아 진우야. 울지마."

진우: "미안해요 엄마. 엄마랑 헤어지기 싫었어요. 엄마랑 떨어지기 싫어서."

엄마: "아니야, 엄마가 미안해. 엄마가 진우마음 몰라줘서. 그동안 많이 힘들었지?"

진우: "힘들었어요 엄마. 무서웠어요."

플랜 맨 Plan Man ♪♬

네 하루는 알람으로 시작이 되지. 알람은 언제나 늘 정확하니깐.

기상 알람에 눈뜨고, 샤워 알람에 씻고, 출근 알람에 또 집을 나서지.

12시 15분 알람이 울리면 너는 편의점에 들어가네.

편의점 안엔 항상 그녀가 있어. 그녀에게 네 맘 전하고 싶어.

알람을 맞춰야 해. 계획을 세워야 해. 완벽한 고백과 완벽한 너를 위해

알람을 맞춰야 해. 계획을 세워야 해. 너와 완전 꼭 닮은 유일한 그녀 위해.

나처럼 얘처럼 쟤처럼 외로운 너~

나처럼 얘처럼 쟤처럼 외로운 너~

📹 마음 코칭 1 - 정화적 접근

나의 감정, 나의 생각

정석은 결벽과 강박 증세를 보이긴 했지만 누군가를 좋아하게 되었을 때 자신의 감정을 잘 알았다. 자신이 무엇이 불편한지, 무엇이 좋은지 잘 인지했고 자기 마음을 몰랐던 적은 없었다. 그래서 무대에 서게 되었을 때 깊은 마음의 상처를 꺼내면서 자기 감정과 생각을 잘 표현할 수 있었다. 모든 사람들이 정석과 함께 눈물을 흘렸고 그의 아픔에 공감했다. 좋아하는 마음을 고백하고, 그룹상담에 참여하고, 자기 아픔을 드러내는 등 정석은 자기 감정에 솔직했고 용기를 내어 변화를 위해 노력했다.

정리하기

Q1. 자기와 비슷한 감정을 느끼는 인물이 보이나요?

Q2. 무엇이 그러한 감정을 느끼도록 하나요?

Q3. 정석처럼 자신이 반드시 지키는 신념이 있나요? 그것은 누구의 신념인가요?

Q4. 그 신념은 자신에게 어떤 느낌인가요? 혹시 불편하다면 무엇 때문인가요?

📹 마음 코칭 2 - 지시적 접근

모델링

좋은 모델	나쁜 모델
자기 문제를 인식하고 변화를 위해 병원에 가는 지원과 정석의 용기 – 자기 인식은 변화의 출발점이다. 정석은 병원에 갈 때만 해도 지원만큼 인식하지 못했지만 의사의 권유를 하나씩 실천하며 자신을 탐구한다. 다른 사람의 말을 귀담아듣고 그룹상담에도 잘 참여한다. 모두 용기가 필요한 일이다.	**정석의 다이어리에 허락도 없이 글을 쓰는 의사** – 정석이 아직 준비되지 않았는데 경계를 침범하는 행동을 하는 의사 때문에 정석은 숨이 넘어갈 것처럼 놀란다. 정석의 입장에서 생각하지 않고 이해할 수 없다는 듯한 반응을 보인다.

정석이 고백할 때 자기 모습이 싫고 변하고 싶다고 하며 그런 정석도 싫다고 솔직하게 말하는 지원

– 솔직하고 분명하게 싫다고 한 덕분에 정석이 병원에 가게 된다.

사람들을 피하는 상황에서 발표회 자리에 가는 정석

– 자신의 이야기가 언론에 선정적으로 보도된 이후 출근도 하지 않고 사람들을 피하는 상황에서 발표회 자리에 늦었지만 용기를 내어 간다. 모든 조건이 정석이 피할 만한 것이었지만 정석은 직면했고 결국 자기 상처를 드러내어 치유된다.

정석의 옷을 세탁해주고 마음을 씻어주는 세탁소 아저씨

– 세탁소는 정석의 위안소다. 유난을 떠는 듯한 정석의 결벽 증세를 아저씨는 비난하지 않고 여유 있게 맞추며 도와준다. 너그러운 말투로 늘 정석을 포용하며 정석의 마음도 같이 씻어준다. 정석이 집 안에서 나오지 않을 때 집까지 찾아가 정석이 움직일 수 있도록 돕는다.

그룹 상담에서 폭발하는 의사

– 과장된 표현이고 사람들은 이해하면서 잘 마무리된 장면이지만 실제로는 있을 수 없는 일이다. 물론 치료자나 코치의 자기개방이 필요할 때도 있지만 영화와 같은 방식은 아니다. 코미디 영화라는 점을 감안하고 웃으며 넘길 수 있지만 여기선 해결 방법을 일러주는 점이 좋지 않은 모델이다. 지시적 방법은 고객이 동의하고 실천의 의지가 있을 때 조심스럽게 해야 한다.

방송국 사람들

– 사람보다 화제거리가 될 만한 것에만 집중하여 사람의 마음을 다치게 하는 모습으로 나온다. 또 극단적으로 표현되기는 했지만 정석의 엄마가 돌아가시게 된 상황도 취재로 인한 사고였다는 점에서 일 때문에 사람을 경시하는 나쁜 모델로 그려진다.

자기 잘못을 은폐하려고 정석을 이용하는 강병수

– 정석에게는 충격적이고 가슴 아픈 과거인데 사람들의 관심을 돌리려 함부로 말하고 비인격적인 태도를 보인다.

3. 코칭 포인트: 자기 자신에게 얼마나 솔직할 수 있나요? 자신의 모습을 솔직하게 표현해 볼까요?

4. 코칭 포인트: 세탁소 아저씨 같은 사람이 필요한 누군가가 옆에 있다면 어떻게 하고 싶은가요? 혹은 자신에게 그런 사람이 있는 지 주위를 둘러보세요.

정리하기

Q1. 이외에 자신이 생각하는 좋은 모델이 있다면 어떤 모습인지 적어봅니다.

Q2. 마음에 들지 않는 등장인물이 있다면 누구이며 어떤 점이 그렇게 느껴졌을까요?

Q3. 다른 사람에게 알리고 싶지 않은 마음 아픈 일이 있나요? 어떤 일이었나요?

Q4. 자신의 아픔에 대해 스스로 변호하며 위로해 본다면 어떤 말을 자신에게 해주고 싶은가요?

Q5. 가장 최고의 자신은 어떤 모습이고 그 이유는 무엇인가요?

Q6. 자신을 사랑할 수 있는 방법에는 어떤 것들이 있을까요?

마음 코칭 3 - 연상적 접근

영화 속 상징과 은유

알람은 정석의 계획을 차질없이 실현하는 장치이다. 정해진 시간에 계획한 일을 하는 것은 정석이 자기의 삶을 완벽히 통제하는 것을 의미한다. 스스로 통제력을 갖고자 하는 것은 모든 것이 불안한 세상에서 불안을 조절하기 위한 본능적인 행동에 가깝다. 혼자 미국으로 가는 게 두려웠고 엄마랑 헤어지기 싫어서 일부러 틀린 답을 말했던 정석은 엄마가 돌아가시고 남은, 엄마가 촘촘히 짜 놓은 생활 계획표에 자신의 삶을 맞춘 것이다.

다이어리는 계획성 있는 사람의 상징이다. 늘 계획과 자신의 하루를 기록하여 생활을 정돈하기 위한 다이어리는 정석이 출근하기 전 꼭 챙기는 가장 중요한 것이다. 정석은 마음에 드는 여자도 100일 동안 관찰하여 다이어리를 적었다. 덕분에 '플랜맨'이라는 노래가 탄생했다. 자신의 문제도 4가지로 정리하여 쓰고 하나씩 고치기 위한 시도를 해나간다.

1. 코칭 포인트: 계획하는 것을 좋아하나요? 아니면 계획없이 사는 걸 좋아하나요? 혹은 좋아하지 않아도 노력하는 편인가요? 자신의 계획을 잘 실천하는 편인지 돌아보고 떠오르는 생각을 적어봅시다.

세탁소는 진우에게 다소 안전한, 숨쉴 수 있는, 위안을 주는 공간이다. 세탁소 아저씨는 청결에 집착하는 정석을 있는 모습 그대로 포용하며 판단하지 않고 따뜻하게 대해 준다. 무엇보다 아저씨는 도움이 필요한 부분을 정확히 알고 있어서 자신이 손을 대지 않아도 옷을 벗겨서 세탁해주고 소독제를 스프레이 해주는 등 고객 맞춤 서비스가 철저하다. 세탁소에서 정석은 옷뿐만이 아니라 불안한 마음도 씻었던 것이다. 진우였던 어린 시절 장래희망이 엄마랑 세탁소하고 싶었던 것을 생각하면 정석에게는 좋은 기억과 감정이 있는 곳이라고 볼 수 있다. 정석이 피할 수 있고, 쉴 수 있고, 불결함에 대한 불안을 씻어주는 안전지대다.

2. 코칭 포인트: 자기만의 안전지대가 있나요? 어떤 곳인가요? 어떤 점이 편안하게 느껴지나요? 아직 없다면 어떤 곳이면 좋겠는지 생각해 적어봅시다.

길고양이는 엄마가 돌아가신 후 혼자 살아온 정석이 투사된 존재다. 길고양이에게 소정은 꾸준히 먹을 것을 챙겨주며 이 녀석은 자기를 만났으니 운이 좋은 놈이라고 한다. 청결하고 정돈된 공간에서 혼자 사는 삶에 익숙한 듯 보이지만 누군가의 사랑과 관심이 필요했던 정석이다. 사랑을 느끼면서 정석은 용기를 내어 한 걸음씩 변화를 향해 나아간다.

3. 코칭 포인트: 영화 속 특정 인물을 보면 떠오르는 사람이 있나요? 어떤 느낌이고 무엇이 그렇게 느끼게 하나요? 무엇이 발견되는지 적어봅시다.

발표회는 누구나 문제가 있을 수 있고 문제가 있어도 괜찮은 세상을 보여준다. 문제를 드러내는 각 사람은 용기를 내고, 초대받아 온 사람들은 지지함으로써 그들의 용기를 복돋워주고 격려한다. 정석의 세탁소처럼 마음을 열고 얘기해도 안전한 공간이자 한 걸음 더 나아가 치유가 일어나는 공간이다.

얼룩이 생기면 정석은 즉시 세탁소로 가서 세탁을 하는데 나중에 소정의 눈물 얼룩은 지워지지 않은 채로 온다. 그리고 발표회를 마친 뒤 소정과 집에 돌아가는 길에 비가 쏟아져 옷이 비에 젖지만 세탁소에 안 가도 괜찮다고 한다. 지워지지 않은 얼룩과 빗물에 젖은 옷은 모두 정석이 어느 정도 치유되었다는 것을 보여주는 상징이다.

정리하기

Q1. 소정과 정석의 영화 이후의 삶을 생각해봅시다.

Q2. 자신의 변화된 모습을 상상해봅시다.

7장 통제되지 않는 말과 행동들
<강박이 똑똑 Toc Toc>

개요: 코미디 | 스페인 | 96분 | 2017

감독: 빈센테 빌라누에바Vicente Villanueva

출연: 로시 드 팔마 Rossy de Palma (릴리 역), 파코 레온 Paco Leon (에
밀리오 역), 알렉산드라 히메네즈 Alexandra Jimenez (블랑카 역),
누리아 에레로 Nuria Herrero (아나 마리아 역), 아드리안 라스트라
Adrian Lastra (오토 역), 오스카 마르티네즈 Oscar Martinez (페데리
코 역)

등급: 청소년 관람불가

　강박장애를 가진 6명의 주인공이 같은 날, 같은 시간에 병원에 모인
다. 무슨 착오가 있었는지 모두 같은 시간에 예약이 되어 있다. 병원 대
기실에 모인 6명은 모두 의사를 기다리고 있는데 의사는 비행기 연착으
로 나타나지 않는다. 팔로메로 박사는 같은 환자는 두 번 보지 않으며
무료로 진료를 하는 명의로 예약이 1년 이상 밀려 있다. 멘텀Mentum 심
리클리닉에 모인 6명의 강박장애 환자들에게 무슨 일이 일어났을까?

　택시 운전을 하는 에밀리오는 병원 예약시간이 되자 손님을 택시에
놔둔 채 문을 잠그고 병원으로 들어간다. 올라가는 계단의 숫자를 모
두 세고 들어가 그 수를 말하지만 간호사가 다른 사람들과 숫자가 다

르다고 하자 다시 거꾸로 세면서 내려갔다 온다.

멘텀 심리클리닉에 팔로메로 박사를 만나러 온 6명은 공교롭게도 모두 같은 시간에 예약이 되어있어 한 자리에 있게 된다. 블랑카는 계단에서 에밀리오와 마주치고 손을 닦으며 들어간다. 진료실 앞에 소독 티슈로 손을 닦고 자신이 앉을 자리도 닦는데 뒷자리에 먼저 와서 기다리고 있던 남자가 인사를 나눈 뒤 음란한 소리를 자꾸 한다. 처음에는 귀를 의심하다 확인을 한 뒤 기겁하며 도망치는 블랑카를 쫓아가면서 해명하는 남자는 페데리코다. 그가 나오지 못하게 문을 잡고 있다가 다시 올라온 마르코를 만난다. 경찰을 불러 달라고 하는 사이 옆문으로 나타난 남자가 자신은 투레트(뚜렛) 증후군 때문에 원하지 않아도 욕이나 음란한 말이 튀어나온다고 해명을 한다. 그제서야 이해하는 두 사람은 그런 병이 있을 줄 몰랐다고 하며 이후로는 어떤 말을 들어도 대수롭지 않게 여긴다.

문제가 있는 것 같다며 예약이 겹친 것을 확인하려 하자 에밀리오는 이 예약을 1년하고도 한달 반을 기다렸다며 410일, 9840시간, 590,400분이라며 계산하는 모습을 보인다. 뚜렛 증후군이 있는 남자는 페데리코라고 자신을 소개한다. 이들은 서로 인사를 하고 얘기를 나누며 서로의 증세를 이해한다. 의사는 오지 않고 이들은 자신의 강박증 증세로 반복되는 행동을 하면서도 의사를 기다리며 서로가 서로를 이해하기도 하고 이야기를 나누며 알아간다. 유일하게 아나 마리아만 자기는 병이 아니라고 하고 나머지는 모두 자신의 병을 시인하고 솔직하게 자기 삶을 나눈다.

아나 마리아는 릴리에게 예약을 물어보고 '대체 몇 명이나 환자를 보는거지?' 하며 불만스러운 표정을 하는데 페데리코는 또 욕과 음란한 말을 쏟아내고 사과를 한다. 에밀리오가 기겁한 아나 마리아에게 대신 변명을 하는데 놀란 아나 마리아는 성호 긋기를 멈추지 못하고 마침 화장실에서 돌아온 블랑카는 페데리코의 욕이 대수롭지 않은 표정이다. 그 때 블랑카 앞 탁자에 놓여있는 성경책이 눈에 띄자 아나 마리아는 블랑카에게 성경을 좀 달라고 하고 블랑카는 전달해주고는 바로 화장실로 다시 달려간다.

그때 오또가 들어와 자신이 예약에 늦었다고 하자 또 시간을 계산해주는 에밀리오가 불이라도 꺼놔야지 이러다 사람들이 더 오겠다고 하자 갑자기 아나 마리아는 집에 불을 켜놓고 왔고 가스도 켜 놓고 온 것 같다며 집에 가려고 하면서 자기 순서를 확인한다. 다섯번째라고 에밀리오가 알려주면서 다들 누가 먼저 도착했는지를 얘기한다. 페데리코가 가장 먼저 왔다고 에밀리오가 말하지만 페데리코는 자기는 바쁘지 않으니 먼저 들어가도 된다고 양보를 한다.

아나 마리아가 갑자기 집 열쇠를 잃어버렸다고 하자 다같이 소파 밑을 살피거나 선반을 살펴보는 등 찾는데 동참하고 열쇠는 가방 안의 물건을 모두 꺼내면서 발견된다. 그러나 바로 다시 가스를 걱정하는데 페데리코가 가스를 껐는지 확인했는지 안했는지 묻자 여러 번 확인했다면서 자기는 책임감 있는 시민이라고 한다.

안내데스크에 있는 직원이 태풍 때문에 비행기가 연착된다는 소식을 전하며 박사님과 연락이 안되는데 서로 소개라도 하는게 어떠냐고 하자 페데리코는 "이거 그룹치료 아니죠?"라고 물어보지만 직원은 그냥 감사하다면서 문을 닫고 나가버린다.

에밀리오가 한 명씩 진료를 본다면 모두 오후 내내 여기 있어야 할 거라고 하자 각자 자기의 불안을 표현하는데 에밀리오는 다시 페데리코에게 왜 그룹치료를 싫어하느냐고 묻는다. 사람들이 자기를 비웃고 나이가 들수록 힘들다는 페데리코에게 블랑카는 자기는 누구를 비웃으려고 여기 있는 게 아니라고 하고, 아나 마리아도 마찬가지라고 한다.

오또는 그룹치료를 많이 해봤지만 아무도 자기를 비웃지 않았다며 긍정적인 반응을 보이면서 각자 소개를 하자며 이야기를 주도한다. 박사님 오기전에 서로 좀 알자고 하지만 아나 마리아는 자기는 병이 아니고 아픈 친구를 대신해서 처방전을 받으러 왔고 남의 사생활 얘기도, 자기 얘기도 관심이 없다며 그룹에서 빠져 옆 대기실로 자리를 옮긴다. 아나 마리아를 제외하고 소개를 계속한다.

블랑카가 한 가지를 제안한다. 한 심리학자가 말하기를 우리가 선택하는 색깔이 기분이랑 많은 연관이 있다면서 자신이 긍정적일 때 무슨 색깔인지를 물어본다. 그렇게 서로 질문하고 각자 자신의 이야기를 하는데 서로에게 긍정적인 해석과 격려를 하기도 하면서 자연스럽게 그룹치료의 모양새를 보인다.

오또의 색깔은 녹색이다. 그 이유는 무지개의 가장 중간에 있는 색이기 때문에 완벽한 대칭을 이룬다는 것이다. 대칭을 이루지 않은 물건들은 오또에게는 언제나 어수선해보이기 때문에 자기 공간이 아닌 곳이나 심지어 남의 물건도 오또는 정리하고 싶은 충동을 느낀다.

페데리코는 자신의 색깔은 희망이라고 시적으로 표현한다. 결혼할 뻔했던 여자가 자기 삶의 유일한 색깔이었는데 그녀를 잃었다고 한다. 사람들은 희망이 무슨 색깔인지를 궁금해하지만 에밀리오는 시적인 표현임을 바로 이해했다.

숫자 강박에 복권을 비롯해 온갖 물건을 모으는 에밀리오는 빨간색과 흰색 두가지로 자신을 표현한다.

사람들과 조금만 접촉해도 곧바로 화장실로 달려가 끊임없이 손을 씻고 누가 머리를 만지면 머리까지 감고 가방 안에 손소독제와 비누, 샴푸, 헤어드라이어까지 들고 다니는 블랑카의 색은 자기 이름처럼 흰색이다. 나이도 솔직히 말하지 않는 모습으로 봐서는 자기의 결벽증을 들키지 않고 있다고 생각하는 것 같다. 그러나 스스로 자기 증상을 고백하고는 털어놓고 나니까 좀 살 것 같다고 한다.

릴리의 색깔은 회색이다. 행운을 가져다줄 것 같단다. 아프리카의 행운의 부적이 회색-회색이라고 한다. 모든 걸 반복하는 건 대칭의 절정이라며 매력을 느끼는 오또 덕분에 기분이 좀 나아진다. 밝고 귀여운 릴리는 에어로빅 강사를 하는데 말을 반복하는 게 문제가 되지 않고 오히려 장점이 되기도 하지만 그래도 이상한 소리가 통제가 안될 때는 울음을 터뜨리기도 한다. 아나 마리아는 릴리가 전화기 중독이라고 지적하자 릴리는 아나 마리아가 난독증이라고 돌려준다.

계속 자기는 아니라고 하던 아나 마리아도 에밀리오가 부추기자 자기 얘기를 시작한다. 자기는 현대적인 사람이라고 얘기하는 아나 마리아는 성경이 옆에 있어야 안정감을 느끼며 성호를 긋는 것도 제어가 안된다. 평범한 파란 색이 아니라 짙은 하늘의 파란색이 아나 마리아의 색이다. 계속 모든 걸 확인하는 강박장애라고 고백한다. 외출을 나서면 끊임없이 확인해야 하는 강박 때문에 다시 집에 돌아가 확인하기를 최소 35번 이상을 하다보면 친구와의 약속시간에 제때 도착한 적이 없고 이후부터 아무도 그녀를 부르지 않는다. 집을 나설 때마다 가스, 열쇠, 물 등을 확인하는 아나 마리아에게 페데리코는 그건 아주 전형적인 증상으로 치료가 가능하다고 들었다고 하자 그랬으면 좋겠다고 하며 블랑카처럼 자신의 삶이 없다고 한다.

"우리의 뇌는 컴퓨터처럼 잘못된 데이터가 들어오면 재프로그램되어야 해서 그렇다고 하네요"라고 블랑카가 얘기해 준다. 그래서 재프로그램하기위해 여기에 있는 거라고 아나 마리아가 얘기하고, 그게 끝이 아니라 자기 머릿 속에서 이상한 생각이 드는데 늘 똑같은 생각이 반복된다며 아마 듣기 힘들 테니 박사님께만 말할 거라고 심각한 듯 얘기한다. 물을 한 잔 마시고는 그래도 알고 싶다면… '모방심리'라고 알려준다. TV에서 누가 시끄러운 이웃을 쏴 죽였다고 하면 자신도 그럴 것 같은 생각에 사로잡혀 두려운 것이다. 자기 안에 두 사람, 혹은 세 사람일지도 모르는 다른 존재가 있는 듯 자기와 다른 또다른 심리가 아나 마리아를 불안하게 만들고 자신을 사악하다고 느끼게 한다.

블랑카도 자기 안의 다른 블랑카가 이상한 짓을 하게 만든다고 하자 오또는 생각과 행동은 다르다며 강박은 정신이상이 아니라고 한다. 릴리도 자기는 정상이라고 하는데 에밀리오는 농담을 하며 릴리를 놀린다. 그 때 접수원이 들어와 박사님이 탔을 가능성이 높은 비행기가 이륙했다는 소식을 전하자 여자들은 모두 화를 내며 병원을 나가는데 남자들은 남는다. 페데리코가 오또에게 또 그룹치료에서 뭘 하느냐고 묻는다. 계단으로 내려 간 여자들 앞에 오또가 나타나 아이디어가 떠올랐다며 여자들을 데리고 올라간다. 이 그룹을 의사로 만드는 게 어떠냐고 하면서 이전의 좋았던 치료 경험을 얘기해 준다.

한 사람에게 그룹이 3분간 집중해서 문제 해결을 시도하는 방법을 얘기하자 페데리코가 먼저 자원하고 3분간 욕이나 음란한 손짓을 안 하기가 시작된다. 그러나 긴장하면 증세가 더 심해지는 페데리코는 계속 욕이 나오자 사과를 하면서 남은 시간을 물어보는데 갑자기 "도미"라는 단어가 튀어나온다. 릴리가 그건 욕이 아니라 생선이라며 격려하는데 3분이 다 되어갈 동안 또 다른 욕이 이어진다. 자기는 구제불능이라고 하지만 오또와 릴리는 긍정적인 말로 위로한다.

다음 아나 마리아는 3분간 십자 성호도 안 긋고 아무것도 확인 안하기를 시도한다. 기도를 하고 성경책을 안고 앉은 아나 마리아에게 사람들이 열쇠가 있는지, 확인했는지, 열쇠가 없으면 집에 어떻게 들어갈건지 등을 질문하자 확실하다며 버티다가 어느 순간 핸드백을 열어 열쇠를 찾기 시작하는데 손에 잡히지 않자 숨을 가쁘게 몰아쉬고 몸이 강직되기 시작한다. 모두 놀라서 창문을 열고 물을 떠오고 어수선한데 드디어 열쇠를 찾아 숨을 제대로 쉬는 아나 마리아에게 잘 버텼다고 모두 격려한다.

릴리의 차례. 모두 테이블에 모여 단어를 말한다. 복잡한 질문도 해보지만 릴리는 모든 답을 두 번씩 반복한다. 릴리는 이상한 소리가 통제가 안되자 울면서 자리를 박차고 사람들은 모두 그녀에게 가 위로한다. 앞서 길게 얘기한 것도 다시 반복하기 시작하는데 사람들은 여유롭게 받아들인다.

블랑카에게는 장갑이나 마스크도 없이 그냥 피부로 변기 접촉하기를 주문한다. 손가락을 대려고 하다가 못하겠다고 하지만 다시 에밀리오가 블랑카의 손을 잡고 세면대에 손을 댄다. 온갖 세균의 이름들을 대며 소리를 지르다 결국 에밀리오의 빰을 때리고 사과를 한다. 그리고 3분간 손을 씻지않고 버티라고 하지만 곧 손을 씻으며 또 사과를 한다.

오또에게는 선을 밟으라고 하며 모두 응원을 하는데 몸 안에 무슨 레이더라도 있는 것처럼 오또는 눈을 가리고도 선을 안 밟는다. 그러다 결국 선을 밟게 되자 에밀리오가 안대를 벗기는데 오또는 자기 발을 보고 놀라 에밀리오에게 안긴다.

에밀리오에게는 모두 한 줄로 서서 숫자로 된 문제를 낸다. 곱하기, 나누기, 파이, 자동차 모델 등 더 복잡한 문제도 내 보지만 완벽하게 계산해내는 에밀리오는 결국 효과가 없다고 화를 터뜨린다. 그래도 노력했다고 위로하고 뛰어난 두뇌가 있다고 칭찬하지만 에밀리오는 이건 멍청하고 소용없는 짓이라며 집에 가겠다고 한다.

시도는 좋았으나 모두 3분도 자기 강박증세를 통제하지 못했던 것이다. 오또는 자기가 괜히 엉망으로 만들었다고 자책하는데 갑자기 페데리코가 진지해진다. 자기는 그렇게 생각하지 않는다는 말에 에밀리오가 나가다가 멈춰 선다. 에밀리오에게 페데리코는 다시 질문할 테니 생각하지 말고 빨리 대답하라고 하며 지난 한 시간동안 아나 마리아가 몇 번이나 성호를 그었는지, 자기가 욕을 몇 번이나 했는지 물어본다. 모두 에밀리오가 그룹 치료에 집중해서 세지 않았음을 깨닫는다. "이게 해결책이에요!"하며 자신을 덜 생각해야 한다고, 뇌 속에 있는 스위치를 더 자주 꺼야 한다고 하자 각 사람은 다른 사람이 강박증을 잊어버린 순간을 기억해 낸다. 유레카의 순간처럼 모두 자신이 그랬음을 놀라워하고 1초가 시작이라면서 희망을 느낀다. 오또와 릴리는 키스를 하면서 선을 밟고 핸드폰을 떨어뜨리고, 다른 사람들은 모두 박수를 치며 감동을 받는다.

그룹으로 한 달에 한 번씩 만나서 이걸 하자고 하며 모두 희망을 안고 돌아간다. 그렇게 저녁이 되고 모두 돌아간 뒤 병원에 도착한 팔로메로 박사는 놀랍게도 페데리코가 아닌가. 접수원은 연기를 한 것이고 모든 건 팔로메로 박사의 철저한 계획하에 이루어진 그룹 치료였던 것이다.

그렇게 변화가 시작되어 사람들은 모두 조금씩 달라지고 있는 모습을 보인다. 릴리와 오또는 연인이 되어 키스를 하며 횡단보도를 건너는 모습을 보여주는데 당연히 키스를 하느라 오또는 선을 신경쓰지 않는다. 에밀리오는 아내의 칭찬과 격려를 받으며 저장했던 물건을 버린다. 아나 마리아는 열쇠를 챙기지 않고 외출했다. 미소 띤 얼굴에 옷 색깔도 연한 핑크색으로 달라져 훨씬 부드러운 인상을 풍긴다. 블랑카는 동료가 아기를 낳아 데려오자 아기를 안아본다. 조금 후에 손을 다시 씻을 망정 아기를 안았다는 것은 큰 변화다. 그리고 페데리코는 또 새로운 그룹을 만나면서 영화는 끝난다.

주인공들의 불안 증상과 영향을 미친 요인

사실 누구나 심각하지 않은 강박 하나쯤 있을 수도 있다. 이 영화 속 6명의 주인공은 각각 다른 강박 장애를 가지고 있어 다양한 불안의 증상을 살펴볼 수 있는 좋은 기회다. 영향을 미친 요인이 다 나오지는 않지만 6명의 강박 증상을 함께 살펴보자.

블랑카Blanca

실험실에서 일하는 35살의 블랑카Blanca는 오염될까봐 사람들과 가벼운 신체접촉도 꺼리고 잘 어울리지 않는다. 병원에 도착해서 계단으로 올라가다가 계단 수를 세며 내려오는 에밀리오와 부딪쳐 난간을 잡게 되자 얼른 소독 티슈를 꺼내 손을 닦는다. 자기 이름처럼 흰 옷차림과 흰 색 가방에 물티슈통을 상비하고 다닌다.

실험실 엔지니어로 일하면서 온갖 미생물, 박테리아, 곰팡이, 진드기, 바이러스에 대한 공포가 생겼다. 일하면서 듣고 읽는 것들 때문에 결벽증이 생겨 개인 위생뿐만 아니라 일터에서도 지나치게 닦고 소독하는 모습을 들켜 사람들이 보고하겠다고 할 정도다. 청소한다고 너무 많은 시간을 할애해서 자기 삶이 거의 없다.

에밀리오Emilio

계산하기를 좋아하는 계산벽이 있으며 언제 필요할 지 몰라 온갖 물건을 쌓아두는 저장 강박증이 있다. 37세의 택시 운전사인 에밀리오는 오늘 하루 9번 버스가 몇 번이나 지나갔는지, 녹색 미니(mini) 몇 대를 봤는지, 여성 손님과 남성 손님의 숫자를 세고 늘 똑같은 얘기를 반복한다. 숫자 강박, 계산벽과 저장 강박이 있다. 베란다에 쌓아 놓은 물건들 때문에 아내는 집을 나갔다.

페데리코Federico

길을 걷는 중에도 외설스러운 욕과 이상한 틱을 통제할 수 없는 페데리코는 원하지 않아도 욕이나 음란한 말이 아무 때나 나오는 뚜렛 증후군이 있다. 11살 이후 49년간 의사들과 상담을 해오고 있어서 강박장애에 대한 많은 자료를 모았다는 페데리코는 에밀리오가 숫자세는 걸 멈출 수 없는 계산광, 숫자강박이라는 것을 알려준다.

아나 마리아 Anna Maria

아나 마리아는 쉴새없이 성호를 긋고 지나치게 염려가 많다. 버스 안에서 다른 사람의 통화 내용을 듣고 열린 창문으로 도둑이 들어올까봐, 혹은 집안에 불이 날까 봐 걱정이 되어 몇 번이고 다시 집으로 돌아가 단속을 한다. 그렇게 집과 버스를 수도 없이 왔다갔다 하는 사이에 약속 시간에 늦어버린다. 아나 마리아는 존재론적 의문을 가지고 있고 그에 대한 설명과 이해를 원하지만 얻을 수 없는 것이 그녀의 불안의 근원이다. 삶의 의미가 무엇인지, 사람은 왜, 어디서 태어났는지, 선택인지 인의적인 것인지 이해되지 않는다. 그래서 그녀는 신앙의 대상에 의지하고 그 외의 고민들은 멍청하다고 생각한다.

릴리아나Liliana

에어로빅 강사 릴리아나는 모든 말을 두 번씩 반복하고 갑자기 통제할 수 없는 이상한 소리를 낼 때도 있다. 가끔 다른 사람이 한 말의 끝 음절을 반복하기도 한다. 아버지가 돌아가신 후부터 그런 증상이 시작되었다. 릴리의 강박은 죽음에 대한 두려움에서 비롯되었다. 두려움과 불안으로 자신이 통제할 수 없는 말과 행동을 하게 되었는데 고치고 싶어도 안 된다.

오또Otto

청소년 때부터 강박장애가 있었다. 선을 밟지 못하고 정리와 대칭에 강박증이 있다. 모든 물건이 대칭을 이루도록 정리해야 하며 남의 공간이나 물건도 대칭을 이루지 않으면 어수선하다고 느껴 불안해한다.

선을 밟지 않으려고 애쓰는 오또는 데이트 중에도 선을 신경 쓰고 모든 것이 대칭을 이루도록 정리해야 하는 정리벽이 있다. 시계도 양쪽 손목에 대칭을 이루게 차고 있다. 진짜 이름은 마놀로지만 가까운 사람들은 오또OTTO라고 부르는데 대칭을 이루는 이름이라며 좋아한다. 제도사로 일하며 어머니와 같이 살고 있다. 여자와 가장 길게 만난 게 3일이다. 가방 속이 어수선한 여자들의 물건을 정리하고 일어서는 오또의 모습은 그 이유를 알 수 있게 해준다.

영화 속 치료 방법과 주인공들의 변화 과정

주인공 6명은 치료를 받으려고 용기를 내었고 예약을 하고 오랫동안 기다려 병원에 왔다. 치료에 대한 엄청난 의지가 있었음을 알 수 있는 대목이다. 그러나 그들의 기대와 달리 병원에서 의사를 만나지 못했고 6명의 만남으로 예상치 못한 엄청난 역동이 일어나게 된다. 의사와 환자로서 만나 상담을 하는 전통적인 방식이 아니라 마치 싸이코 드라마처럼 설정된 그룹치료에 참여한 셈이다. 누구도 그것이 병원의 치료라고 깨닫지 못했다. 코미디 영화답게 웃음을 유발하기 위한 요소들도 분명히 있지만, 각 사람의 이야기와 변화에 초점을 두고 살펴보기로 하자.

아무도 의도적이지 않았고 따라서 인지하지 못했지만 그들에게 세 가지 프로세스로 그룹치료가 진행되었다.

첫째, 자기 소개를 통하여 스스로 자기 이야기를 했다. 이는 이야기 심리학에 기반한 내러티브 치료/코칭에 가깝다. 스스로 자기 이야기를 하고 자기 증상과 상태를 인정하는 것만으로도 문제를 직시하는 효과가 있다. 다른 사람이 지적해주는 것이 아니라 스스로 하기 때문에 변화의 의지가 강화되고 프로세스도 빨라지는 효과가 있다. 그리고 자기만이 아니라 모두가 비슷한 문제를 갖고 있음을 확인하고 수평적 관계를 맺고 연대감이 생기는 효과도 있다.

둘째, 긍정적일 때 자기 색깔 얘기하기를 통해 긍정적인 측면에 집중했다. 이는 색채 심리학과 긍정 심리학과 연관이 있다. 색깔은 기분을 나타내고 긍정적일 때 자기 기분, 자기 색깔을 얘기하는 자기 확언을 통해 두뇌에서 생각을 재프로그램하는 것이다. 즉, 병원이라는 환경에서 자기 문제를 직시하는 것은 기분을 더 어둡게 만들 수 있는데, 그들이 노력하는 모습에서도 알 수 있듯이 문제에 집중하면 더 증상이 심해지고 결국 자기는 치료가 불가능한 구제불능이라는 생각으로 향한다. 그런데 서로가 비슷한 처지임을 확인했기 때문에 자기 색깔을 이야기하고 자신을 보여줄 때 그들은 서로를 용납한다. 긍정적인 말과 생각과 사람들의 반응에 대한 긍정적 경험이 자신의 증상에 대해 새로운 인식을 가져다주는 것이다. 페데리코가 심한 욕을 해도 아무도 불편해하지 않고 오히려 긍정적인 반응을 보이기까지 한다. 이런 상황은 쉽게 경험할 수 없는 것이다.

셋째, 3분간 노력하기를 통해 그들은 해결책을 찾는다. 방법은 참고 버티는 것이 아니라 자신에게 집중하지 않고 뇌의 스위치를 더 자주 끄는 것임을 깨닫게 된 것이다. 아무리 참으려 해도 그들은 자신의 강박 증상을 3분 아니 1분도 참을 수 없었다. 그러나 상황 속에서 다른 누군가에게 집중할 때 그들은 자신의 강박을 잊어버렸다. 단 1초지만 그들은 희망을 발견한다. 그것이 시작이라고 믿었다. 그들 안에서 긍정 에너지가 생겨났기 때문이다. 그러자 모두 한결 편안해진 얼굴로 의사는 필요없다고 하면서 병원을 나갈 수 있게 되었다. 의사와 약물 등 병원 치료에 의존하기보다 자신들의 희망과 의지로 생각이 옮겨 간 것이다. 의료적 치료가 필요없다는 뜻이 아니라 자기 의지와 희망에 초점을 더 두면 더욱 긍정적인 효과가 있다는 뜻이다.

아나 마리아가 숨을 못 쉴 때 오또는 물을 떠다 주며 바닥의 선을 잊어버렸다. 블랑카는 아나 마리아를 살리려고 거들을 풀어주려 하는 상황에서 손 씻는 걸 잊어버렸다. 사람들 얘기에 집중하면서 숫자 세는 걸 잊어버린 에밀리오도 스스로 놀라워한다. 아나 마리아는 기도를 한 뒤 실수로 성호 긋는 걸 잊어버렸는데 모두 그것을 긍정적으로 해석해주자 자신도 놀라워하고, 릴리도 딱 한 번 말을 반복하지 않았는데 사람들이 찾아내서 확인해주자 깜짝 놀랐다.

그렇게 강박증세를 잊은 그 한 순간, 그 1초가 그들에게 희망을 느끼게 해주었다. 아무리 노력해도 통제할 수 없었던 자기의 강박이 통제되기 시작한 것으로 긍정적으로 받아들인 것이다. 희망은 페데리코의 색깔이었는데 그들은 그렇게 희망으로 물들었다.

생각해 볼 주제 대사

1. 오또의 말

"하지만 자신을 받아들이는 게 쉽지만은 않거든요"

2. 말해봐요. 참지 말고요 기분이 훨씬 나을 거예요.

3. 난 하나도 기분 안 상했어요. 다 이해해요.

4. 안나 마리아에게 페데리코를 이해시키려고 하는 에밀리오

"페데리코, 또 사과할 필요없어요. 부인, 상황을 이해하셔야 해요. 이분은 아픈 거예요. 일부러 그러는 게 아니에요"

5. 오또에게 묻는 블랑카

블랑카: "'끝내주네요' 라는 말을 얼마나 자주 하는지 혹시 아나요?"

"그것도 강박인가요?"

오또: "아니요, 이건 그냥 대화 부족이에요."

6. 블랑카: "털어놓고 나니까 좀 살겠네요. 제 주변에는 아는 사람이 거의 없어요. 결국 세상에서 저 자신을 고립하게 됐죠."

다른 사람들: "저도 그게 뭔지 알아요. . 저도요."

7. 못하겠다는 릴리에게

블랑카: "이건 운동이랑 똑같아요."

오또: "이걸 박사님 앞에서도 해야 해요."

8. 릴리: "제 머릿 속에서 무슨 일이 일어나면서 모든 걸 반복하게 돼요."

9. 오또가 릴리에게

"정말 놀랍네요. 모든 걸 반복하는 건 대칭의 절정인 거 아시죠?"

10. 안나 마리아: "안 비웃는다고 약속했잖아요."

11. 블랑카: "정상인들은 우리를 이해하기 힘들어하지만 대부분 사람들은 우리보다 더하다는 것을 몰라요."

12. 그룹치료를 제안하며

오또: "문제가 있는 우리도 서로를 존중할 수 없는데 정상인들이 우리 참아주리라고 기대하는 건 무리죠."

페데리코: "우리가 다른 사람들 앞에서 우리 강박장애를 직시해야 한다는 뜻인가요?"

오또: "그렇죠. 잃을 것도 없잖아요."

페데리코: "그럼 내가 먼저 실험 쥐가 돼보죠. 모두 괜찮다면요"

13. "긴장하면 할수록 더 증상이 심해져요. 난 소금물에 발을 담글 때만 차분해지거든요."

14. 3분 집중한 후 자책하는 페데리코에게

오또: "페데리코, 마지막 단어들은 그렇게 무례하지 않았어요."

릴리: "진전이 있는 거예요."

15. 길게 얘기한 후 반복하는 릴리에게

블랑카: "전 릴리가 반복하는 게 거슬리지 않아요."

아나 마리아: "릴리, 계속해요. 난 듣고 있어요."

16. "진짜 노력했잖아요."

17. "당신한테 안 됐다고 우리한테 안 되란 법은 없어요!"

18. 다른 사람들이 강박에서 벗어난 순간을 찾아주는 사람들

에밀리오: "여기 일어나는 일에 집중하느라 안 세었어요."

페데리코: "이게 해결책이에요. 자신에게 덜 집중하는 거죠. 우리 뇌속에 있는 스위치를 더 자주 끄는 거예요. 모두 생각해봐요 이런 적

이 또 있었던가요? 또 있어요. 아나 마리아가 숨을 못 쉬고 있었을 때요. 오또가 물을 갖다 주러 갔었죠?"

오또: "내가 선 위로 걸었나요? 헉 내가 선위로 걸었어요!!"

페데리코: "그리고 오또가 릴리를 위로하러 갔을 때도 똑같았어요."

오또: "내가 선위로 걸었어요! 내가 선 위로 걸었어요!"

에밀리오: "하나가 아니라 대략 16개에서 18개의 선을 밟았어요. 급한 상황을 해결하느라 강박증을 잊어버린 거예요."

오또: "끝내주네요! 잠시만요 잊어버린 사람이 또 있어요. (블랑카에게) 당신은 아나 마리아의 거들을 풀러 가서는 손을 안 씻었어요.

19. 블랑카: "우리 병을 고치는 좋은 시작이네요."

아나 마리아: " 한달에 한 번씩 만나서 이걸 하는 거예요."

릴리: "희망을 안고 여길 나갈 수 있게 됐네요."

♡ 마음 코칭 1 - 정화적 접근

나의 감정, 나의 생각

주인공들이 한 자리에 모이게 되었을 때 모두 처음 보는 타인이었기에 기본적인 예의는 지켰지만 곧 소통을 하고 상호작용을 하면서 그들의 상태가 드러난다. 누군가는 거슬리고 부담스럽고 불편하지만 모두 강박장애가 있었기 때문에 자신의 불안을 견디고 강박으로 인한 어려움에 몰두해 있는 사람들이었다. 나에게 그런 장애가 없어도 그들이 느끼는 불안과 두려움은 이해하고 공감할 수 있을 것이다. 그것이 성격도 다르고 살아온 환경과 문화가 다르더라도 공통적인 부분이 있기 때문이다. 그들을 통해 나의 불안과 두려움을 한 번 직면해 보는 것이 어떨까?

정리하기

Q1. 자신이 느끼는 감정을 보여주는 주인공은 누구인가요?

Q2. 무엇이 그러한 감정을 느끼도록 하나요?

Q3. 자신이 가장 두려운 것은 무엇인가요?

Q4. 주인공을 보면 떠오르는 사람이 있나요? 그 사람을 이해하는 말을
표현해 보세요.

▶️ 마음 코칭 2 - 지시적 접근

모델링

좋은 모델	나쁜 모델
페데리코를 격려하는 에밀리오 – 페데리코가 위축되지 않도록 계속 말로 격려하고 다른 사람들에게 이해시키려고 애쓰는 모습 **솔직하게 자신을 개방하는 주인공들의 모습** – 모두 자기를 개방할 때 아나 마리아는 자기는 환자가 아니고 친구 대신 처방전을 받으러 왔다고 했으나 다른 사람들이 모두 솔직하게 털어놓자 어느 순간 마음을 열게 된다. 그룹의 분위기가 긍정적인 영향을 미친 좋은 사례다.	**농담을 멈추지 못하는 에밀리오** – 농담의 긍정적인 면도 있지만 에밀리오의 경우 사람들의 감정을 상하게 할 수 있는 경계선을 넘을 위험의 순간이 여러 번 만들어진다. 나쁜 의도는 아니지만 그룹의 좋은 역동에 찬 물을 끼얹게 될 수도 있는 면이다.

서로를 이해하고 용납하는 사람들	불안장애와는 별도로 말을 함부로 하는 아나 마리아의 모습
– 모두 같은 처지임을 알게 되고 서로 공감하는 모습을 보여준다. 서로를 판단, 비판하지 않고 용납하면서 증상과 그들의 본심을 구별해서 받아들인다. 페데리코의 욕을 듣고도 '고마워요'라고 말할 수 있게 된다. 그리고 서로를 잘 위로하고 격려하는 좋은 그룹 역동을 보여준다.	– 아나 마리아는 말투가 퉁명스럽고 시니컬하다. 이는 불안장애 때문이 아니라 성격이나 언어 습관으로 보인다. 아나 마리아의 말투는 에밀리오에게 늘 부정적인 반응을 끌어낸다.

1. 코칭 포인트: 주변에 불안한 사람이 있나요? 혹은 자신의 불안으로 인한 어떤 증상이 있나요? 다른 사람들에게 자신이 어떻게 보일지 신경 쓰인다면 스스로 자신을 옹호하는 말을 써 보세요.

2. 코칭 포인트: 영화 속 좋은 모델에서 가장 인상적이거나 자신의 상황에 적용하고 싶은 부분은 무엇인가요? 구체적인 행동과 말을 생각해서 써봅시다.

정리하기

Q1. 자신이 생각하는 가장 좋은 모델은 어떤 장면인지 적어봅시다.

Q2. 용납할 수 없었던 어떤 모습을 다르게 바라본다면 어떻게 생각할 수 있을까요?

Q3. 자신에게서 마음에 들지 않는 면이 있다면 어떤 점이 그렇게 느껴지나요?

Q4. 가방 불안해 보이는 사람은 누구이고 그 이유는 무엇인가요?

Q5. 자신에게 가장 힘들었던 사건은 무엇인가요?

Q6. 사람들에게 듣고 싶은 말은 어떤 말인가요? 구체적으로 누구에게서 듣고 싶은가요?

🎥 마음 코칭 3 - 연상적 접근

블랑카의 제안으로 주인공들은 얼떨결에 긍정적일 때 자기의 색깔을 얘기하게 된다. 색깔은 감정을 연상시켜 심리적으로 작용하는 것으로서 그 상징성으로 인해 영화나 광고 등에 많이 쓰이고 있다. 디자인과 미술치료도 깊은 관련성을 가진 영역이다. 비슷한 색의 스펙트럼도, 이름도 매우 다양하다. 색으로 감정을 드러내는 것이 언어로 표현하는 것보다 쉽다. 문화권에 따라 의미와 상징을 다르게 해석한다는 측면을 고려하고 이들의 색깔이라는 상징의 의미를 한 번 살펴보자. 그리고 각자 자기의 색깔도 찾아보도록 하자.

녹색은 오또의 색깔이다. 무지개의 가장 가운데 있어 대칭을 이루기 때문에 대칭강박이 있는 오또는 녹색을 좋아하고 녹색이어야 편하다. 자연의 색인 녹색은 조화를 이루는 효과가 있다고 한다. 또 긴장을 풀어주어 마음을 진정시키고 우울과 걱정을 완화하며 회복력과 자제력을 높여주는 색이다.

희망은 페데리코의 시적인 표현이다. 릴리는 "그게 어떤 색이죠?"라고 묻는데 페데리코는 사랑했던 여자가 자기 삶의 유일한 색깔이었다고 대답한다. 사랑 이외에는 자기의 삶에 색깔이 없었다는 뜻이다. 그에게는 어떤 색이냐보다 아예 색이 있느냐 없느냐의 문제인 것이다. 긍정적일 때 페데리코는 다시 자기 삶이 색깔을 가지길 바라는 희망이 있다는 의미로 볼 수 있다. 현재 사랑하는 여자를 잃고 그의 삶은 색깔이 없다. 그의 강박장애가 얼마나 큰 고통이었는지를 느낄 수 있게 하는 표현이다.

반면 페데리코가 팔로메로 박사였음을 생각해보면 이는 환자들에게 희망을 주기 위한 의도적인 표현으로 생각할 수도 있다. 모두들 진짜 색깔을 이야기할 때 그는 은유적인 표현을 써서 사람들의 관점을 환기시킨 것이다. 그의 표현대로 이렇게 전혀 다르게 생각하는 것과 생각지 못한 한 단어의 표현으로도 뇌의 스위치를 끌 수 있음을 보여준 것이다. 전혀 상관없어 보이는 것을 상상하는 것은 지금 집착하고 있는 생각에서 벗어나는 순간을 만들어내지 않겠는가? 영화가 끝나고 생각해보면 페데리코의 모든 말과 행동이 다르게 보인다.

회색은 릴리의 색인데 릴리는 언어적, 문화적 근거를 가지고 행운의 색이라고 믿고 있다. '회색-회색'이라는 인디언의 단어는 행운을 상징한다고 한다. 죽음을 두려워하는 릴리는 행운을 간절히 바란다. 아버지가 돌아가셨던 일이 그녀에게 큰 충격이 되었던 것 같다. 그 일에 대해서는 자세히 얘기하지 않지만 죽음이 두렵다고 말 할 때 그녀는 울 것 같은 표정이다. 회색은 지식의 색이다. 현명함의 느낌을 주는 이 색은 오래 지속적인, 고전적인 색이자 보수적이고 권위있어 보이는 색이다. 또 불안과 기대를 동시에 주는 상반된 느낌의 색이다.

파랑은 아나 마리아의 색이다. 바다와 하늘의 색인 파란색은 신뢰할 수 있는 헌신적인 색으로, 체내에 마음을 안정시키고 침착하게 진정시키는 화학물질을 만들고 직관력을 높이는 효과가 있다. 신과 하늘은 연결되어 있어 신앙에 진지한 아나 마리아에게 파란색은 신성한 느낌일 수 있다.

열정의 빨간색과 반대되는 차가운 느낌이다. 은유적으로 보자면 빨간색을 자기 색이라고 한 에밀리오와 아나 마리아의 대립되는 모습이 자주 등장한다. 아마 서로 이해할 수 없는 성격이 색깔로 표현된 것 같다. 그리고 분홍색을 싫어하고 긍정의 색깔로 보지 않던 아나 마리아가 결말에 가서 연한 분홍색의 가디건을 입고 외출하는 모습을 볼 수 있다. 빨간색에 흰색을 섞어 만드는 색인 분홍이 주는 느낌은 빨강과 비슷하면서 부드러운 색이다. 따라서 분홍색은 아나 마리아의 변화를 상징한다.

빨강과 흰색은 에밀리오의 색이다. 왜 두 가지 색을 골랐는지는 알 수 없지만 블랑카도 흰색이므로 에밀리오의 경우 빨강색을 우선 살펴보자. 열정과 활기의 색인 빨강은 최초로 이름을 붙인 색이라고 한다. 연구에 의하면 실제로 혈압, 호흡, 심장 박동과 맥박 수를 높이고 행동과 자신감을 고무시키는 효과가 있다고 한다. 또 두려움과 근심 걱정으로부터 보호 감각을 제공한다.

흰색은 에밀리오와 블랑카의 색이다. 흰색은 문화권에 따라 다른 의미로 해석된다. 동양에서 흰색은 죽음과 애도의 색이지만 기독교 문화권인 서구에서는 부활과 순결을 상징한다. 순수, 깨끗함의 느낌을 주는 흰색은 생각과 행동을 정화해 새롭게 시작할 수 있도록 돕는 효과가 있다. 실험실에서 일하는 블랑카의 경우 늘 깨끗해야 하는 일이기 때문에 흰색과 어울리기도 하지만 흰 옷과 흰 색 가방을 들고 있는 자신을 가리키며 "이건 우연이에요"라고 말한 것으로 유추해 보자면 평소엔 다른 색의 옷을 입기도 하는 것 같다. 아마도 흰색이 청결을 연상시키기 때문에 블랑카에게는 사람들에게 결벽증을 들키고 싶지 않은 마음에서 그렇게 말한 것으로 볼 수 있다. 결벽증 때문에 블랑카에게는 자기 삶이 없다. 얼마나 피곤하고 힘든 삶인지 알 수 있는 대목이다.

정리하기

Q1. 긍정적일 때 자신의 색은 어떤 색깔이며 그 색은 어떤 느낌인가요?

Q2. 자신의 색깔과 관련해서 떠오르는 어떤 이미지가 있나요?

Q3. 자기 색깔과 그 이미지는 어떤 연관성이 있나요?

Q4. 자신의 색과 이미지는 삶에서 어떻게 나타나고 있나요?

8장 불안보다 뜨거운 열정
<에비에이터 The Aviator>

> 개요: 로맨스 어드벤처 드라마 | 미국, 독일 | 169분 | 2004
>
> 감독: 마틴 스콜세지Martin Scorsese
>
> 출연: 레오나르도 디카프리오Leonardo DiCaprio (하워드 휴즈 역), 케이트
> 블란쳇Cate Blanchett (캐서린 햅번 역), 알렉 볼드윈Alec Baldwin(후
> 안 트립 역), 존 C. 라일리John C. Reilly(노아 디트리히 역)
>
> 등급: 15세 관람가

　미국의 전기 영화로 실존 인물이었던 하워드 휴즈의 삶을 그렸다. 어린 시절 하워드의 엄마는 세상에 무서운 전염병이 많아 너는 안전하지 않다고 얘기하며 '격리 quarantine'의 스펠링을 암기하게 한다. 엄마가 비누로 몸을 씻겨주는 동안 스펠링을 외우곤 하던 하워드는 청소년기를 지나고나서 석유채굴 드릴을 개발해 사업을 하시던 부모님이 돌아가시며 어마어마한 부를 상속받는다. 때는 미국의 황금기였던 1920~30년대, 그 자신이 비행사이기도 한 20대의 하워드는 대범하게 사업을 확장해 영화 제작과 항공 사업으로 성공한 유명인사가 된다. 결벽증과 완벽주의가 있었던 하워드가 불안장애에도 불구하고 어떻게 그렇게 역동적인 삶을 살 수 있었는지 그의 일생을 보여주는 장면들을 통해 그의 스토리를 함께 들여다보자.

　1927년 할리우드, 전설적인 영화가 된 '지옥의 천사들'이라는 영화를

찍고 있는 하워드는 항공회사만큼 많은 비행기와 수많은 카메라를 보유하고도 자꾸 더 욕심을 낸다. 그 자신이 비행사이기도 해서 비행기에 대한 지식도 있는 데다가 영화 장면의 표현도 불가능하다고 반대하는 목소리들을 일축시키고 영화의 클라이맥스를 찍는데 고집을 부린다. 역동적인 비행 장면을 위해 기상학자를 고용해 적란운이 생기는 지역과 날을 8개월이나 기다렸다가 구름이 생긴 오클랜드로 모두 이동하여 영화를 찍을 정도로 영화에 열정이 있는 남자다. 자신이 직접 비행기를 타 카메라를 들고 위험하게 촬영을 하기도 하고 유성영화가 등장하자 2년이나 촬영한 분량을 모두 새로 찍을 정도였다. 그를 비웃던 미디어의 보도는 영화가 3년 만에 완성되고 나서 찬사로 대치된다.

하워드는 밝고 활달한 영화배우 케서린 헵번과 사랑에 빠진다. 동시에 항공사업에도 열정을 다한다. 바람 저항을 덜 받고 더 빠른 비행기를 위해 표면의 대갈못을 평평하게 만드는데 집착하고 당시 미국인 1%만 이용하던 민간 항공기의 수준을 높이기 위해 무리를 해서 비행기를 매입하기도 한다. 하워드의 바람대로 바람의 저항을 줄여 훨씬 빨라진 비행기가 완성된다. 하워드는 직접 시험비행을 하다가 추락하는데 다행히 많이 다치진 않았고 놀라운 속도가 나온 것을 기뻐한다. 그렇게 새로 개발한 비행기를 타고 뉴욕에서 4일만에 세계일주 신기록을 세우는 등 항공역사를 새로 쓴 하워드는 용감한 비행사로, 또 세계 항공의 진정한 개척자로서 미국 항공역사에 영광을 안겨준 인물로 보도된다.

뉴스를 듣고 있던 팬암Pan Am 회장 후안 트립 Juan Trippe(일렉 볼드윈 분)에게 하워드 휴즈가 TWA항공을 인수했다는 소식이 전해진다. 세계일주 중에 인수가 진행되었다는 사실에 후안은 심상치 않은 존재라고 생각하며 그에 대해 모든 것을 알아오라고 지시한다. 하워드는 헵번과 함께 언론의 집중 조명을 받고 긴장한 모습의 하워드는 손을 씻으러 화장실에 가는데 마치 버튼을 누르면 자동으로 무언가 튀어나오는 것처럼 불안이나 긴장을 느낄 때마다 그의 결벽증은 심해져 그를 불편하게 괴롭힌다.

새 영화를 편집하는 중에도 미 공군과 회의를 하고, 너무 쉬운 표적이 되는 함선보다 병력, 지프, 탱크까지 수송할 수 있는 큰 수송기 헤라클레스를 만들겠다는 야심찬 생각을 발표한다. TWA가 거의 파산 직전으로 재정이 어려운 중에 국토 횡단이 가능한 성능의 새로운 여객기가 나오자 40대를 주문해 재정 담당자 노아Noah가 펄쩍 뛰기도 했다. 한편 폭력성이나 노출 등으로 그의 영화는 번번이 심의에서 문제가 되지만 재치 있게 해결하기도 한다. 그런 그를 언론은 세계 최고의 직업을 가진 남자로 묘사한다. 이렇게 열정적이던 하워드는 인기있는 여배우들과 자주 신문에 등장하는 바람에 헵번과 충돌하고 결국 헤어지게 되는데 하워드는 그녀가 떠나자마자 그녀의 손길이 닿았을 자기 옷을 모두 불태운다. 입고 있던 옷마저도 벗어서 불 속에 던져 넣고 새벽 두 시에 노아에게 전화를 걸어 옷을 사다 달라고 하는 등 간간히 사람들이 눈치챌 수 있을 정도로 결벽증을 드러내는데 그래도 가까운 직원들은 충실하게 하워드의 까다로운 성격을 맞추며 오랜 기간을 함께 일한다.

하워드는 새 항공기 구입으로 대서양을 건너 유럽으로 노선을 확장할 생각이 있었다. 하워드는 후안이 대서양을 독점한 것이 마음에 안 들지만 후안은 팬암과 의회와 민간항공위원회를 소유하고 있어 싸움의 상대가 되지 않는다. 게다가 후안은 브루스터라는 의원과 손잡고 지역항공법안을 통과시켜 하워드를 막으려고 한다. 법안이 통과되면 국제노선은 팬암이 모두 독점하게 되는 것이다. 화가 난 하워드는 어떻게든 그의 뒤를 캐고 방법을 찾아 그의 독주를 막고 싸우려 한다. 그렇게 스트레스가 심한 상태에서도 영화 편집도 비행기 제작도 대충하는 법이 없다. 정찰기 조종간도 8000개나 되는 모델을 일일이 다 만져보고 자기가 원하는 것을 찾느라 완성은 자꾸 늦어지는데 재촉을 받으면서도 그 과정을 포기하지 않는다. 그러나 스트레스와 불안은 어느 순간 하워드의 용량을 초과하게 되고 하워드는 간간히 불안장애 증상을 드러낸다.

하워드는 꿈에 그리던 XF-11정찰기를 완성하고 직접 시험 운전에 나선다. 놀라운 성능을 시험하며 최고 속도로 비행하던 중 갑자기 우측 뒤 프로펠러가 고장이 나면서 추락하고, 비벌리 힐스 주택가로 떨어져 폭발해 이 사고로 하워드는 큰 부상을 입는다. 엎친데 덮친 격으로 전쟁이 끝나 공군에서 헤라클레스 계약을 파기한 데다가 펜실베니아에서 여객기가 추락해 민간항공위원회가 TWA의 모든 비행기 이륙을 막는 상황이 된다. 그러나 하워드는 헤라클레스를 계속 만들라고 지시한다.

드디어 세상에서 가장 강한 비행정 헤라클레스가 완성된다. 67미터의 길이에 5층 건물보다 높은 흰 코끼리라고 불리는 60톤짜리 헤라클레스가 대서양까지 50킬로미터를 날아오르기 위해 그 모습을 드러낸다. 그런데 TWA는 이륙금지로 인해 계속 적자를 보고 있다. 오랜 시간이 걸려 회복된 후, 지팡이를 짚고 걸을 수 있게 된 하워드는 여전히 국제선을 운항하게 되면 다 메꿀 수 있을 거라는 희망을 갖고 있지만 부루스터의 법안 때문에 앞날은 불투명한 상황이다. 재정 담당인 노아가 진지하게 결단을 내려야 한다고 하자 모든 장비와 자본을 담보로 대출을 받으라고 한다.

헵번이 떠난 이후 여러 여배우들과 어울렸지만 그중에 에이바 가드너를 사랑하게 된 하워드는 그녀가 걱정된다는 이유로 도청장치를 설치한 것이 들켜 화를 내는 그녀에게 변명을 하다 크게 다투게 된다. 그 때 집에는 FBI가 들이닥쳐 수색을 하고 있다. 하워드는 요원들이 담뱃불을 바닥에 비벼 끄거나 쓰레기통을 뒤엎는 모습을 처다보며 불안으로 눈빛이 흔들린다. 수색은 10여 차례나 반복되고 집안의 모든 물건에 그들의 손이 닿는 모습에 하워드는 무너진다.

하워드는 브루스터 의원을 만나러 간다. 그는 유리잔에 일부러 지문을 찍어두고 하워드를 맞이하고 하워드는 생선 요리도 지문이 찍힌 유리잔도 몹시 거슬리지만 참고 식사를 한다. 그 모습을 유심히 살피면서 브루스터 의원은 자기의 항공법안을 지지해주면 위원회에서 공청회를 막아주겠다고 한다. TWA를 팬암에 팔면 공청회는 없고 수사는 종결되고 아무도 모를 거라고 회유한다. 하워드는 호기롭게 거절하고 일어나 나오지만 곧 숨을 몰아쉬며 주저앉는다.

브루스터는 하워드가 전쟁시에 정부예산을 횡령했다며 언론에 고발하고 공개적으로 그를 비웃는데 하워드는 영화편집실에 들어가 옷을 벗고 문을 걸어 잠근다. 행동을 할 때마다 그걸 말로 하고 그동안 자기가 만든 영화를 다 돌려보며 혼잣말을 하면서 불안장애 증상이 심해진다. 나체로 머리와 손톱이 길고 우유병에 소변을 보고 모아둔 병이 길게 늘어설 정도로 긴 시간을 그 공간에서 나오지 않고 불안과 분노를 견디며 자신을 통제하려 애쓰고 있었다. 그 때 후안 트립이 찾아와 두 회사의 주가를 얘기하며 TWA를 팔라고 하는데 하워드는 안 팔겠다고 소리를 친다. 후안은 결국엔 팬암이 모두 인수할 거고 3일 뒤면 공청회 소환장이 도착할 거라는 말을 남기고 떠난다.

큰 소리는 쳤지만 후안이 떠난 뒤 몸부림을 칠 정도로 괴로와하던 하워드는 공청회가 다가오자 드디어 그곳에서 나온다. 에이바가 집으로 찾아가자 티슈곽을 옆구리에 낀 하워드가 문을 열어준다. 에이바의 도움으로 하워드는 면도를 하고 머리도 깔끔히 자르고 예전과 같은 모습으로 공청회 자리에 등장한다. 플래시 불빛이 거슬렸지만 모든 질문에 당당하게 대답을 한다. 공청회는 수많은 사람들이 지켜보는 가운데 3일이나 이어졌는데 하워드는 오히려 브루스터 의원을 역공하는 질문을 던져 그를 비웃음거리로 만들었다. 누가 보더라도 하워드의 대답은 재치있었고 합리적이었다. 헤라클레스에 대한 설명을 마치고 일어서는 하워드에게 사람들은 박수를 쳐주며 헤라클레스가 나는 걸 보고싶다고 한다. 공청회를 TV로 지켜보던 후안은 자신이 졌음을 직감한다. 법안은 상원에서 무효가 되고 TWA가 전 세계를 날아다니게 될 것을⋯

헤라클레스의 전시계약 조사가 끝나고 착륙 전후 이동 시험을 위해 첫 운항을 하게 된다. 하워드는 가까운 직원들과 정비공들을 데리고 직접 조종간을 잡았다. 롱비치 하버에서 출발한 거대한 비행기는 과정이 하나하나 방송이 되는 가운데 멋지게 날아오른다. 그렇게 힘든 과정을 견뎌낸 하워드에게 모든 게 정상으로 돌아온 듯 보였다. TWA는 유럽 노선을 갖게 된다. 성공을 축하하는 파티에서 하워드는 파리로 가는 첫 비행기를 직접 조종하겠다고 하며 에이바를 초대해 데이트 약속을 받아낸다. 모두 안심한 얼굴들이 즐거워 보이는데 하워드는 노아와 오디Odie에게 새로운 제트 기술을 여객기에 활용할 새로운 꿈을 이야기하면서 또 혼자 이상한 사람들을 본다. 다시 불안한 눈빛에 말을 반복하는 증상이 시작되어 노아와 오디는 화장실에 하워드를 격리시키고 의사를 부르러 간다.

거울 속에 어린 시절의 한 장면이 떠오른다. 엄마가 몸을 씻겨주며

'너는 안전하지 않단다'라고 얘기해주던 기억은 늘 '격리'라는 단어의 스펠링을 외우던 기억과 연결되어 있었는데 지금 어린 하워드는 꿈을 얘기한다. 그렇게 불안과 강박에 시달리면서도 그것에 매몰되지 않고 그것을 에너지 삼아 꿈을 향해 달려왔던 남자는 어린 하워드와 눈이 마주친다. 그러나 지금은 또다시 통제되지 않는 불안으로 자신의 마지막 말을 반복하며 슬픈 눈빛으로 자신을 응시한다.

하워드의 불안에 영향을 미친 요인

하나, 전염병에 대해 일러주던 엄마의 위생에 대한 교육이 워낙 강해서 하워드는 세균과 질병에 대한 혐오감을 갖고 있었다.

둘, 부모님이 병으로 일찍 돌아가시고 돈은 많이 상속받았지만 하워드는 20대에 들어서자마자 혼자가 되었다. 늘 여배우를 옆에 끼고 다니는 모습은 혼자 있는 것을 두려워하는 사람처럼 보일 정도로 화려하고 열정적인 겉모습 뒤에 외롭고 쓸쓸하고 불안한 하워드의 속사람이 드러난다.

셋, 그가 하는 모든 사업에 장애물이 끊이지 않았는데 포기를 모르는 완벽주의 성향으로 인해 늘 긴장 상태가 되곤 했다. 그러한 긴장은 스트레스와 불안을 유발한다.

넷, 꿈을 향해 질주하며 늘 세상의 주목을 받았는데 그게 때론 하워드를 불편하게 만들었다. 항공사업에 대한 열정이 오해를 받고 사기꾼

(거짓말쟁이)으로 매도되자 하워드는 감정이 크게 동요해 그 때까지 잘 통제해 왔던 불안에 사로잡히게 된다. 사기꾼이라는 말이 하워드의 자존감을 크게 공격한 것 같다.

하워드의 불안 증상 - 결벽과 강박

1. 늘 주머니에 비누를 넣어 가지고 다니며 긴장되고 불안이 올라올 때마다 화장실로 달려가 손을 꼼꼼히 씻는다. 때로 지나치게 문질러 씻다가 자기 손톱에 다쳐 피가 날 때도 있었다. 그리고 손을 닦은 후에는 화장실 문 손잡이를 잡지 못해 누군가 열고 들어올 때까지 기다리기도 한다.

2. 위생에 대한 불안으로 늘 뚜껑을 따지 않은 신선한 우유만 주문해서 마신다. 누군가 자기 음식에 손을 대면 그 음식은 먹지 않는다.

3. 다른 누군가의 손이 닿은 물건을 만지지 못해 버리거나 불태운다. 누군가 자기 물건을 만지는 것만 봐도 안절부절한다.

4. 카메라 플래시가 터지고 사람들이 많이 모인 곳에서 더욱 긴장하는 모습이 역력하다.

5. 다른 사람의 옷에 묻은 티끌도 견딜 수 없어 하며 닦아 달라고 하고 자기 수건을 주어 닦게 하며 그 수건을 버리라고 요구한다.

6. 때로 헛기침같은 얕은 기침을 계속 한다. 연신 큿큿거리는 틱이 통제가 안 된다.

7. 하워드는 극도의 긴장과 스트레스를 유발하는 상황에 처하면 똑같은 말을 수도 없이 반복하는 것이 통제가 어렵다. 어릴 때처럼 격리 quarantine의 스펠링을 하나하나 외우면서 겨우 호흡을 조절하려 노력한다.

8. 자신이 하는 모든 일을 완벽하게 하려고 세부적인 부분들에 지나치게 신경을 쓴다.

9. 사랑하는 여자에게 무슨 일이 생길까 봐 도청 장치를 하고 녹취록을 작성하게 해 읽어보는 등 염려가 지나쳐 경계를 넘는다.

10. 물건에 접촉해야할 때 손을 직접 대지 않는다. 조종간은 셀로판지로 싸서 잡고 나중에 증세가 심해지자 모든 물건을 휴지로 잡는다. 그에게 청결은 공간이 아니라 자기 손으로 만지는 모든 것에 집중되어 있다.

11. 눈에 이상한 것들이 보인다. 덜 익은 스테이크에서 벌레가 기어다니는 모습이 보이기도 하고 그 때문에 불안 증세가 심할 때는 흐르는 물이나 손으로 만지는 것들을 유심히 집중해서 쳐다본다. 자신을 통제하려 애쓰면서 이성과 분별력을 잃지는 않았지만 뭔가가 보일 때마다 그의 강박증세는 심해져서 때로 그를 압도한다.

하워드의 꿈과 성취 과정

하워드의 사업적 문제가 해결되었음에도 불구하고 영화는 해피 엔딩이 아니다. 하워드는 특별히 치료를 받거나 변화되지 않는다. 오히려 사업의 위기로 인해 점점 더 취약해져갔다. 상황에 따라 똑똑하고 열정적인 사업가의 모습과 불안에 사로잡힌 강박증 환자의 모습이 교차되며 외줄타기를 하듯 불안불안하게 이어지는데 결말에서 오히려 증세가 더 심해진다. 관객으로서 우리는 화면에서 보여주는 모습만 볼 수 있을 뿐이다. 실존인물이었던 하워드 휴즈의 일생은 비극적이었다고 한다. 흥미로운 점은 그의 불안과 강박이 영화 제작의 수준을 높이고 꼼꼼한 일처리로 사업을 더 번창하게 하는 원동력이 되었다는 사실이다. 이는 성공이라는 결과만 가지고 강박장애와 완벽주의를 미화하려는 것이 아니라 그의 삶을 다른 관점으로 보고자 하는 것이다. 누군가는 하워드 휴즈의 불안장애에 초점을 둘 수도 있겠지만 뒤집어보면 불안과 강박이 늘 있었음에도 불구하고 비행사로서, 공학자로서 또 사업가로서 누구보다 열정적으로 최선을 다해 자신의 삶을 살았고, 새로운 목표에 늘 도전하며 미국의 항공 산업 역사를 새로 썼던 그의 삶에서 희망을 찾을 수도 있다.

　누구나 심리적으로 완벽히 건강하게만 살지 않는다. 때에 따라 사람들은 불안에 사로잡히기도 하고 우울해지기도 하며 심하지 않은 강박 하나쯤 갖고 있을 수 있다. 그리고 그것이 하워드처럼 평생 낫지 않고 계속 삶에 동반될 수도 있다. 따라서 여기서는 그의 변화보다는 그의 삶의 행보에 초점을 두고 평생을 괴롭힌 강박장애에도 불구하고 어떻게 꿈을 이루고 인생의 난관과 역경을 이겨냈는지 살펴보는 것이 좋겠다.

1. 영화 제작에 뛰어들어 거침없이 위험을 감수한다.

하워드는 재정적인 위험을 무릅쓰면서까지 자신이 원하는 장면을 위해 노력과 자원을 아끼지 않는다. 남들 눈에 어떻게 보일지 알고 있었으나 그런 점은 신경 쓰지 않았다. 미디어의 악평도 두려워하지 않으며 직원들보다 더 열심히 일한다. 유성영화로 제작하기 위해 2년간 촬영해 완성된 필름을 다 버리고 전부 새로 찍을 정도로 완벽을 추구한다. 영화는 그의 꿈이었고 자신이 고수하는 표현 방식과 영화적 기술에 타협하지 않고 제작에 열정을 다하며 거침없이 밀어붙인다. 심의에 걸려 문제가 되면 반박할 자료를 철저히 준비해 설득하면서까지 포기하지 않는다.

2. 자신의 증세와 두려움을 숨기지 않고 솔직히 개방한다.

사랑하는 케이트, 에이바에게 자신의 상태를 솔직히 말하고 마음을 의지한다. 강한 척하지 않았다는 뜻이다. 자신의 약한 모습이나 단점을 숨기려고 하면 더 사람들을 잃을 수 있다. 그런 점에서 하워드의 이러한 개방성은 오히려 더욱 진실해 보이고, 케이트나 에이바가 그의 그러한 모습에도 불구하고 그를 연민과 사랑으로 대하고 가장 힘든 순간에 그를 찾아와 마음으로 지지하고 도움을 주는 모습이 설득력을 갖는다. 헤어지거나 다툼이 있었던 이후에도 하워드는 그들을 존중하는 태도로 대한다.

3. 사람들에게 돈을 아끼지 않고 좋은 관계를 유지한다.

가까운 직원들에게도 그는 늘 변함없는 보스다. 노아Noah와 오디 Odie는 하워드가 20대에 사업을 시작해 중년의 나이가 되도록 함께 일하는 동반자가 된다. 노아는 그가 새벽 두 시에 전화해 옷을 사오라고 해도 놀라지 않고, 또 비행기 사고로 수혈을 받을 때 그가 싫어할거라고 의사에게 바로 얘기할 정도로 그를 잘 알고 있다. 늘 위험을 감수하며 재정적으로 악화되는 상황에서도 떠나지 않고 많은 돈을 관리하면서도 늘 정직했던 것 같다. 비행기 제작의 실무를 담당했던 오디 역시 그의 무리한 요구를 늘 수용해 반드시 결과물을 내놓는 성실한 직원이다. 가장 힘든 순간에도 노아와 오디는 늘 그의 곁을 떠나지 않았다.

하워드는 중요한 관계에 있는 사람들을 관대하게 대우하며 그들을 위해서는 돈을 아끼지 않는다. 노아를 처음 고용할 때도 이전에 일하던 곳보다 두 배의 연봉을 준다. 노아가 두 배로 일하겠다고 하자 네 배로 일하라면서 자기는 반값에 당신을 고용한 것이라고 한다. 기상학자도 대학에서 받던 연봉의 두 배를 준다. 케이트를 위해서는 기자에게 회사 주식을 주고 기사를 막기도 하는데 그가 요구한 것보다 두 배를 준다. 늘 사람들이 요구하는 것 또는 기대하는 것에 두 배를 주는 하워드는 선물을 줄 때도 귀한 선물을 어렵게 구해다 준다. 영화와 비행기 외에 그가 돈을 아끼지 않았던 대상은 바로 사람이다. 물론 일에 있어서 완벽하길 바랐기 때문에 업무 효율에 대한 기대도 있었겠지만, 자신은 낡은 차를 타면서도 사람들을 매우 귀하게 여기고 존중하면서 귀하게 대우하는 사람이었음을 알 수 있다.

4. 영화와 항공 사업에 대한 애정과 진실성이 변하지 않았다.

어린 꼬마였을 때부터 영화를 만들고 비행기 조종을 하며 가장 멋진 비행기를 만들겠다는 자신의 꿈을 중년이 될 때까지 변함없이 지키고, 애정과 진실성을 갖고 자신이 진정으로 좋아하는 일에 매진한다. 그는 돈이 목적이 아니었다. 돈이 많았기 때문이라고만 생각할 수는 없다. 사업이 어려울 때는 원하는 비행기의 완성을 위해 거액의 대출을 받거나 자기 사비까지 털어서라도 포기하지 않는 모습을 보였기 때문이다. 공청회에서 그는 비행기가 인생의 기쁨이었다고 고백한다. 그래서 자신을 사기꾼이라고 매도하는 말을 참을 수 없어했다. 중년이 되어도 그 어느 것에서도 마음과 태도가 변하지 않는 것을 볼 수 있다.

5. 포기하지 않는 집념으로 판세를 뒤집었다.

하워드는 궁지에 몰려 회사도 잃을 위험에 처하고 불안에 사로잡혀 자기 자신까지 무너질 듯한 위기에서도 절대 포기하지 않는다. 혼자서는 괴로움에 뒹굴며 몸부림을 칠 지언정 절대 회사를 팔지 않겠다고 큰 소리친다. 누가 봐도 위태위태한 그의 상태는 반전을 보여준다. 그는 이성을 잃지 않으려는 듯 끊임없이 생각을 정리하고 그것을 다시 말로 한다. 모르는 사람이 보면 이성을 잃은 듯이 보일 것이다. 정말 정신분열처럼 보일 정도의 반복적인 말과 행동은 다시 보면 필사적으로 자기 생각과 행동을 이성이라는 테두리에서 벗어나지 않게 하려는 노력으로 보인다. 사람들이 찾아왔을 때 그가 어떻게 대화하는지를 보면 말을 반복하는 모습은 보이지만 인지적으로는 문제가 없음을 알 수 있다. 그렇게 자신을 잘 부여잡고 공청회에 나가 하워드는 판세를 뒤집어 버린다. 자기 변호도 훌륭했지만 반대로 공격적인 질문으로 상대의 의도를 드러냈기 때문이다. 하고 싶은 말을 다한 하워드는 공청회 첫 날 다리를 떨고 있던 불안한 모습을 탈피해 당당히 자리를 박차고 일어나 사람들과 악수를 하며 나간다.

6. 몇 번의 추락 사고에도 그는 다시 비행하기를 두려워하지 않는다.

중요한 시험 운항에는 늘 자신이 직접 나섰으며 자신이 만든 비행기가 뜰 거라는 믿음이 흔들리지 않는다. 자신의 일과 비행기에는 자신이 있었다는 의미일 것이다. 헤라클레스가 비행에 실패하면 자신이 이 나라를 떠나 다시 돌아오지 않겠다고 호언장담했다. 언제나 완벽을 추구하며 시간과 돈을 투자했기 때문에 자신이 만든 비행기가 자랑스러웠을 것이다.

생각해 볼 주제 대사

1. "휴스턴 인간들에겐 내가 하려는 일이 미친 짓처럼 보일 거예요 진짜 그런지도 모르죠. 하지만 내게 다 생각이 있어요. . 내 목소리가

되어줘요. 모두에게 알려주세요. 아직 날 '주니어'라고 부르는 사람들이 있어요. 이제 '휴즈 씨'라고 부르게 하세요."

2. 항공 속력 시험 비행을 하는 하워드

오디: "다른 사람을 쓰는 게 어때요? 시험 조종사가 20명이나 있잖아요."

하워드: "이런 재미를 왜 딴 사람에게 넘겨?"

3. 케이트에게 고백하는 하워드

"난 가끔 이런 기분이 들어, 케이트. 어떤 생각이 드는데 실제로는 없을지도 모를 것에 대한, 진짜 없을지 모를 것들에 대한 거. 가끔은 정말 두려워. 내가 미쳐 버릴까봐. 그렇게 되면 앞을 안 보고 비행하는 거랑 같은 거야. 무슨 말인지 알겠어?"

4. 하워드를 면도시켜 주면서 물을 주시하고 있는 하워드에게

에이바: "아무것도 없어, 하워드"

하워드: "뭔가 보여"

에이바: "알아. 이제 얼굴 씻어. 손에 물 받아서 얼굴 씻어내. 난 여기 있어 아무 데도 안 가."

하워드: "저거 깨끗해보여?"

에이바: "깨끗한 건 없어, 하워드. 하지만 최선은 다해야지"

5. 공청회에서 자기를 피력하는 하워드

"전 항공에 매우 관심이 많습니다. 제 인생의 기쁨이었어요. 그래서 이 비행기들에 제 재산을 쏟아부었고요. 지금껏 수백만 달러를 잃었

고 앞으로도 잃겠지만 그게 제 일입니다."

6. 자신에 대한 보도 내용에 반발하는 하워드

"저는 단점이 많고 부족한 사람입니다. 변덕스럽고 바람둥이에 괴짜라는 소리도 들었죠. 하지만 사기꾼이란 소리는 들어본 적이 없습니다."

7. 어린 하워드의 꿈

"어른이 되면 세상에서 제일 빠른 비행기를 만들고 제일 멋진 영화를 만들고 제일 가는 부자가 될 거예요."

📹 마음 코칭 1 - 정화적 접근

나의 감정, 나의 생각

하워드의 불안한 감정은 영화 속에 잘 묘사되었다. 청결에 대한 집착으로 매우 꼼꼼히 손을 씻는 모습이나 뚜껑을 따지 않은 병우유만 찾는 모습은 물론이고 다른 사람이 손을 댄 음식, 다른 사람 옷에 뭔가 묻어 있는 모습을 보는 표정에서 그의 기분과 생각이 매우 잘 드러난다. 그러나 그런 불안한 표정과 대비되는 그의 표정들도 주목해보자. 비행을 할 때의 그의 표정, 비행기를 만져볼 때, 사랑하는 사람을 바라볼 때, 속도를 높인 비행기를 완성했을 때의 표정들 말이다. 그의 기분은 불안과 환희를 오가며 변해가는데, 그러한 묘사는 그를 단순히 환자로 보지 않고 그렇게 다층적인 사람으로 입체적으로 보게 해준다.

정리하기

Q1. 하워드의 청결에 대한 집착을 보면 어떤 기분이 느껴지나요?

Q2. 무엇이 그러한 감정을 느끼도록 하나요?

Q3. 집착하는 무언가가 있다면 그것에 대한 감정은 어떤가요?

Q4. 자신이 가장 좋아하는 것은 무엇인가요?

⟨♡⟩ 마음 코칭 2 - 지시적 접근

모델링

좋은 모델	나쁜 모델
케이트에게 사랑을 느껴 비행기 조종간을 그녀에게 내주고 자신의 우유를 나눠 마시는 하워드 – 케이트는 하워드가 처음으로 우유를 나눠 마신 사람이 되었다. 청결에 집착하지 않고 자신의 경계를 완화하는 희망을 보여준다. **케이트를 위해 기사를 막아주는 하워드** – 그녀가 떠난 직후에는 결벽증이 심해져 바로 모든 옷을 불태우는 모습을 보였지만 한 때 사랑했던 여인에 대한 배려와 인간적 품위를 잃지 않는 모습이다. 나중에 혼자 은둔할 때 그녀가 찾아와 고마워하며 얘기를 나눈 뒤에 돌려보낼 때도 예의를 잃지 않고 존중하는 태도로 대한다. 불안장애 증세가 심할 때에도 사람을 대하는 모습은 인간으로서의 존엄성과 품위를 무너뜨리지 않는다.	**아이에게 불안감을 심어주는 엄마** – 어린 아이에게 안전하지 않다고 반복해서 불안감을 심어주는 엄마로 인해 하워드는 평생 강박을 안고 살아가게 된다. **하워드의 약점을 공격하는 브루스터 의원** – 하워드가 청결에 집착하는 것을 알고 일부러 유리컵에 지문을 남겨 하워드의 심리를 무너뜨리려는 비열한 방법을 쓴다. **일부러 하워드 방문 앞에서 담배연기를 뿜어내는 후안 트립** – 하워드가 스스로를 격리시켜버린 상황임을 알지만 자기가 원하는 것을 얻기 위해 하워드의 불안을 이용하고, 브루스터처럼 약한 부분을 공격하는 비열한 행동이다.

하워드를 찾아와 면도를 해주고 옷도 갈아입혀주고 그를 진정시키며 도움을 주는 에이바 – 하워드 혼자 견디기 어려운 시간에 찾아가 잘 달래며 공청회에 예전 모습으로 갈 수 있도록 실질적인 도움을 준다.	

1. 코칭 포인트: 인간의 품위에 대해 어떻게 생각하나요? 불안하거나 자신에게 실망스러울 때도 품위를 지키는 행동은 어떤 것일까요?

2. 코칭 포인트: 위에 제시된 영화 속 좋은 모델에 대한 생각은 어떤가요? 하워드의 여성 편력에 대한 표현이 한국 문화와 다르게 이질적으로 느껴질 수도 있고, 바람둥이 같은 모습이 거부감을 줄 수도 있지만 시대적, 사회적 맥락을 이해하고 보면서 좋은 모델을 찾아봅시다.

정리하기

Q1. 이외에 자신이 생각하는 좋은 모델이 있다면 어떤 모습인지 적어봅니다.

Q2. 나쁜 모델을 보고 떠오르는 사람이 있다면 그에게 어떤 이야기를 해주고 싶은가요?

Q3. 불안할 때 자신은 어떤 행동을 하나요?

Q4. 사랑하는 사람이 불안할 때 어떤 말을 해주고 싶은가요?

Q5. 부모님은 어떤 분이셨나요?

Q6. 자기 안에 부모님을 닮은 부분은 어떤 모습인가요?

🎞️ 마음 코칭 3 - 연상적 접근

영화 속 상징과 은유

격리는 결벽증이 있는 하워드에게 상징적인 단어다. 엄마가 어렸을 때부터 늘 암기하게 시켰고 이는 하워드가 자기의 불안을 다스릴 때마다 반복된다. 영화에서 하워드가 기억하는 어머니의 모습은 질병의 위험을 얘기해주면서 하워드를 씻겨주는 장면이 유일하다. 엄마와 '격리 quarantine' 라는 단어는 긴밀히 연결되어 있었다. 엄마의 영향으로 청결에 집착하고 세균과 질병에 대한 공포로 강박장애를 안고 살아가면서 불안과 긴장이 하워드를 덮칠 때마다 함몰되지 않으려고 필사적으로 모든 의지력을 동원하는데, 그럴 때 그가 숨을 고르는 방법이 '격리'의 철자를 하나하나 천천히 외우는 것이다. 그러나 격리는 단순히 단어에 그치지 않고 불안과 강박이 하워드를 압도할 때 그의 행동방식이 된다. 가장 힘든 순간이 찾아오자 그는 스스로를 격리시킨다. 어쩌면 그는 격리에 대한 두려움으로 살았는지도 모른다. 질병과 오염을 피해 다녔지만 정작 그를 무너뜨린 건 청결에 대한 집착과 강박이었다.

우유는 하워드가 늘 마시는 음료다. 위생에 집착했던 하워드는 다른 음료는 주문하지 않고 늘 뚜껑을 따지 않은 신선한 병우유를 주문한다. 우유는 하워드에게 모성을 의미한다. 사랑에 빠졌을 때 그는 케이트(케서린 헵번)에게 비행기 조종간을 내어주고 우유를 먹여준다. 이는 사랑을 느껴 자신의 경계를 처음으로 허물었다는 의미의 은유다.

또 하워드는 단순히 영화를 위해서만이 아니라 여성의 큰 **가슴**에 유독 집착한다. 이 또한 모성애 결핍으로 인한 집착일 수 있다. 하워드는 비행기도 늘 여성으로 표현하고 비행 장면을 찍기 위해 구름이 필요하다고 말할 때도 '젖이 가득한 큰 가슴 같은' 구름을 원했다. 영화 제작을 하며 신인 여배우를 발굴하고, 수많은 여배우들과 염문을 뿌렸다. 매일 다른 여자와 사진이 찍히기도 했는데 이러한 여성편력 역시 일찍 돌아가신 어머니를 그리워하며 어머니의 애정을 갈구하는 본능적 행동일 수 있다.

1. 코칭 포인트: 자신의 취향과 집착은 한 번 돌이켜 볼 필요가 있습니다. 그리고 그에 대한 부모님의 영향이나 아니면 다른 중요한 대상으로부터 영향은 없었는지 살펴봅시다. 그리고 자기 분석을 해봅시다.

손은 하워드가 세상을 접촉하고 인지하는 신체 부위로 하워드의 청결에 대한 집착은 손으로 표현된다. 긴장과 불안이 높아지면 하워드는 손으로 접촉하는 것에 민감해진다. 그래서 손을 쳐다보며 불편한 표정을 짓고, 손을 자주 씻고 증세가 심해지면 휴지로 물건을 만지거나 집는다. 반대로 그가 정말 사랑하는 비행기가 완성되자 표면을 손으로 꼼꼼히 만져보는 모습을 보인다.

비누는 하워드가 불안을 잠재우기 위해 매일 주머니에 넣고 다니는 무기와 같은 것이다. 손을 씻는 행동은 오염에 대한 공포 때문인데 이를 위해 바지 주머니에 늘 비누를 챙겨다닌다. 하워드의 불결공포증(결벽)을 상징하는 물건이다.

2. 코칭 포인트 : 불안을 잠재우는 자기만의 방식이 있나요? 혹은 가벼운 강박이 있나요? 자기에 대해 스토리를 써봅시다.

영화와 비행기는 하워드가 가장 좋아하는 것이다. 그의 어릴 적부터의 꿈이었으며 그것에 열정을 쏟으면서 불안에 매몰되지 않을 수 있었다. 영화에도 비행장면과 여성의 가슴을 클로즈업한 장면들을 많이 넣었고 스스로 비행사로서 조종을 하기도 했다. 그의 삶의 성취이자 불안의 대척점에 있는 것으로서 자유를 상징한다. 비행기를 조종할 때 그의 기분은 그야말로 하늘을 나는 기분이다.

헤라클레스는 하워드가 자신의 모든 꿈과 평판을 걸고 완성한 역작이다. 그의 자존심이자 꿈의 크기이다. 계속해서 속도에 집착해 왔던 하워드는 역사상 최대 크기에 재질도 나무로 해서 무거운 비행정을 만들었다. 큰 꿈을 꾸고 이를 이루기 위해 모든 것을 쏟아부었다. 그리고 자신이 스스로 시험 비행을 하고 실패하지 않았음을 증명했다.

3. 코칭 포인트: 자기에게 동기를 부여하는 것은 어떤 것인가요? 열정을 다해서 하고 싶은 일이 있나요? 혹은 지금 그렇게 일하고 있나요? 무엇을 하고 싶은지 적어보세요.

정리하기

Q1. 하워드의 삶을 보고 어떤 느낌이 들었나요?

Q2. 삶의 어려움이 있을 때 어떻게 이겨냈나요?

4부 불안을 다루는 방법

9장 영화 속 증상과 진단 DSM-5

영화 속 증상을 DSM-5에서는 어떤 기준으로 보는지를 간략히 소개
한다. 우리는 이것이 정상적인 불안인지 병적 불안인지 분별할 필요가
있기 때문에 영화에서 본 증상이 좋은 교과서인지 아닌지 알아야 왜곡
되지 않은 바른 기준을 가질 수 있다. 아래 내용은 비르기트 볼츠Birgit
Wolz의 '영화 속 진단Diagnosis seen in movies에 제시된 내용을 참고하였
다.

1. 〈애널라이즈 디스〉에 그려진 공황 장애(Panic Disorder)

공황은 짧은 시간동안 불안감이 매우 심해지는 것인데 땀흘림 ,호흡
곤란 , 흉통 , 비현실감 , 심계항진 , 복부 불쾌감 등의 증상 중 네 가지
이상을 한 번에 경험하는 상태가 발작이라고 표현할 만큼 심해질 때 공
황발작이라 한다. 공황발작은 심장 박동 수가 짧은 시간동안 매우 빠
르게 증가하고 다시 진정되며, 대부분 호흡의 불안정이 먼저 일어나고
그러한 극도의 공포와 고통의 정도가 10 분 내에 정점에 오른다. 공황
발작은 불안을 느끼게 되는 시간과 정도가 매우 빠르고 심각하며 다
른 본질을 가진다는 점에서 지속되는 불안이나 공황장애와는 구별된
다. 공황발작은 유발 요인을 아는 경우와 아무런 유발요인 없이 예상
하지 못하게 일어나는 경우가 있고 원인은 매우 다양하다. 예상치 못

한 공황발작이 반복되고, 그로 인해 언제 또 공황이 찾아올까 두려워서 특정 장소를 피하거나 발작이 없는 상태에서 여러 번 병원에 가게 되는 상태에 이르면 공황장애로 진단된다.

〈애널라이즈 디스〉에서 폴 비티는 어지럽고 숨을 쉴 수 없고 가슴 통증이 있으며 곧 죽을 것 같은 공포를 느꼈다. 자기 증상이 심장 발작이라고 생각했고 공황발작이라고 진단하는 의사에게 화를 냈다. 과장 없이 잘 묘사된 영화 속 증상들은 명백히 공황발작이었고 정신과 의사 벤은 곧바로 진단을 내렸는데 폴은 벤과의 첫 만남에서 짧은 대화만으로도 마음이 편안해지는 것을 느낀다. 깊은 트라우마와 죄책감을 직면하고 치유됨으로서 공황 발작도 호전되는 것으로 그리고 있다.

진단기준

예상하지 못한 공황발작이 반복된다. 극심한 공포와 고통이 갑작스럽게 발생하여 수분 이내에 최고조에 이르며, 그 시간 동안 다음 증상 중 4 가지 이상이 나타난다.

심계항진(가슴 두근거림 또는 심장 박동 수의 증가), 발한, 몸이 떨리거나 후들거림, 숨이 가쁘거나 답답한 느낌, 질식할 것 같은 느낌, 흉통 또는 가슴 불편감, 메스꺼움 또는 복부 불편감, 어지럽고 불안정하거나 멍하고 쓰러질 것 같은 느낌, 춥거나 화끈거리는 느낌, 감각이 둔해지거나 따끔거리는 것 같은 감각 이상, 현실이 아닌 것 같은 느낌 혹은 이인

증 (나에게서 분리된 느낌), 스스로 통제할 수 없거나 미칠 것 같은 두려움, 죽을 것 같은 공포 등의 증상이 있다.

진단에 필요한 위 증상에 포함되지 않는 증상, 즉 이명, 목의 따끔거림, 두통, 통제할 수 없는 비명이나 울음도 보일 수 있다. 또 갑작스러운 증상의 발생은 차분한 상태나 불안한 상태에서 모두 나타날 수 있다.

적어도 1 회 이상의 발작 이후에 공황 발작에 대해 지속적으로 걱정하거나 이를 회피하기 위한 행동을 하는 부정적 변화가 1 개월 이상 지속될 때 진단한다. 공황발작이 또 일어날까 봐 운동이나 익숙하지 않은 환경을 피하는 등의 행동을 보일 수 있다. 약물 남용이나 치료 약물의 생리적 효과나 갑상선 기능 항진증, 심폐 질환 등의 의학적 상태로 인한 것이 아닐 때 진단한다.

다른 정신 질환과의 차이점으로 구별한다.

예) 사회불안장애: 공포스러운 사회적 상황에서만 일어난다.

특정 공포증: 공포의 대상이나 상황에서만 나타난다 .

강박장애: 강박사고에 의해 나타난다 .

외상 후 스트레스 장애(PTSD): 외상성 사건에 대한 기억에만 관련되어 있다 .

분리불안장애: 애착 대상과의 분리에 의한 것이다

2. 〈마음이 외치고 싶어해〉에 그려진 선택적 함구증 Selective Mutism

선택적 함구증은 심리적 위축과 긴장으로 인해 언어 구사능력이 충분함에도 장소와 사람에 따라서 선택적으로 말을 하지 않는 장애다. 선택적 함구증은 사회불안장애, 강박적 특성, 사소한 반항적 행동, 거부증 같은 다른 증상들과 동반하여 나타나는 경우가 많으며 어린아이들에게서 주로 나타난다(최경희, 2007, p.52). 주된 발병 시기는 5세 이전이지만 유치원이나 학교 입학 등으로 사회적 관계가 시작된 이후에야 임상적 관심을 끌게 된다. 새로운 상황에 적응해야 하는 분리불안장애를 비롯해 부모로부터의 사회적인 억압, 가정 불화나 극심한 스트레스 등이 발병 원인으로는 알려져 있다. 사회적 관계 속 불안으로 인해 사회적 기능이 손상될 수도 있는데 학교에서 선생님의 질문에 적절히 답하지 못한다거나 필요한 이야기를 못해서 학업적 손상이 초래될 수도 있다.

〈마음이 외치고 싶어해〉 속 주인공은 말을 하지 말라는 부모의 억제를 크게 받아들였고 부모의 이혼으로 가정이 깨어지는 상황에서 극심한 스트레스를 받았을 것이다. 어린 나이에 시작되어 말로 소통하는 사회적 기능이 손상되어 학교 생활에 얼마나 큰 지장이 있었을지 알 수 있다. 말을 하려고 하면 배가 아프고 속마음을 말하지 못하는 것이 얼마나 답답하고 고통스럽게 느껴지는지 어린 아이에게 감당하기 힘든 어려움이었을 것이다.

진단기준

학교처럼 말을 해야 하는 특정 사회적 상황에서 일관되게 말을 하지 않아 학습이나 직업상의 성취나 사회적 소통을 방해한다. 사회적 상황에서 필요한 말에 대한 지식이 부족하거나, 언어가 익숙하지 않기 때문이 아니다. 이러한 증상이 최소 1개월 이상 지속될 때 진단한다.

3. 〈킹스 스피치〉, 〈겨울 왕국〉에 그려진 사회불안장애 / 사회 공포증 (Social Anxiety Disorder / Social Phobia)

사회불안장애가 있는 사람들은 타인이 자신을 관찰할 수 있는 사회적 상황에 노출되는 것에 극심한 공포와 불안을 느낀다. 동반되는 두려움은 부정적 평가, 사람들에 대한 공격, 거부에 대한 것이다. 공포와 불안은 실제 위험이나 결과에 비해 확대 해석된다. 일상생활에 있어서 현저한 고통이나 손상을 초래하는 불안과 두려움이 6개월 이상 지속될 때 진단한다. 미국의 경우 유병률은 7% 정도이며 발병 연령은 평균 13세로, 75%의 환자가 8세에서 15세 사이에 발병한다는 결과를 근거로 어린 시절의 경험이 이 장애의 발전에 영향이 있다는 것을 알 수 있다.

〈킹스 스피치〉에서 버티가 어린 시절부터 말을 더듬었고 연설해야 하는 상황에서 늘 더 심해지는 모습과 〈겨울왕국〉에서 엘사가 어린 나이에 동생이 다치는 경험을 하고 부모가 엘사의 힘을 숨기고 느끼지 말라고 한 이후 방에 스스로 자신을 가두고 동생을 비롯해 사회적 상호작용을 모두 거부하는 모습으로 묘사되었다.

진단기준

　대화나 낯선 사람과의 만남, 음식을 먹거나 다른 사람들 앞에서 연설을 하는 것 등, 다른 사람들에게 자신이 드러나는 사회적 상황에 노출되는 것을 극도로 두려워하거나 불안해한다. 아이들의 경우는 성인과의 관계가 아니라 또래 집단에서 불안해하는지를 기준으로 한다. 다른 사람들에게 수치스럽거나 당황한 모습으로 보이는 것, 또 다른 사람을 거부하거나 공격하는 것으로 보여서 부정적 평가를 이끌어 내는 행동이나 불안 증상을 보일까 봐 두려워한다. 이러한 사회적 상황이 거의 항상 공포나 불안을 일으키는데 아동의 경우는 울음, 분노발작, 얼어붙음, 매달리기, 움츠러들거나 사회적 상황에서 말을 못하는 모습으로 표현될 수 있다.

　이러한 사회적 상황을 회피하거나 극심한 공포와 불안 속에 견디는 모습을 보이는데 실제 사회 상황이나 사회문화적 맥락에서 볼 때 실제 위험에 비해 비정상적으로 극심하고, 6개월 이상 지속될 경우, 그리고 물질(예. 남용약물. 치료약물)의 생리적 효과나 다른 의학적 상태로 인한 것이 아닌 사회적, 직업적, 또는 다른 중요한 기능 영역에서 임상적으로 현저한 고통이나 손상을 초래할 때 진단한다.

4. 〈강박이 똑똑〉에 그려진 강박장애

〈강박이 똑똑〉은 스페인의 최신 영화로 각각 다른 강박장애를 가진 사람 6명이 등장하기에 여러 양상을 한 번에 볼 수 있는 장점이 있어서 선택되었다. 강박장애에 대한 묘사로 유명한 영화는 잭 니콜슨 주연의 〈이보다 좋을 순 없다〉(제임스 L. 브룩스, 1997)가 있다. 너무 유명하고 이미 많은 책에서 다룬 영화라서 이 책에서 다루지는 않았지만 다음의 진단 기준은 Wolz의 자료에서 〈이보다 좋을 순 없다〉를 가지고 설명한 것임을 밝힌다.

〈이보다 좋을 순 없다〉의 주인공 멜빈의 강박 증세와 〈강박이 똑똑〉에서 주인공들의 강박 증세를 연결해서 보자. 멜빈은 길을 걸을 때 보도의 선을 밟지 않는다. 오또와 같은 강박증상이다. 멜빈은 다른 사람들이 만지는 것을 피하고, 항상 장갑을 끼고, 문고리를 닦는다. 블랑카가 더 심하게 보이는 면이 있지만 블랑카의 결벽 증세와 거의 비슷하다. 멜빈은 또 매일 같은 식당에서 식사를 하고, 같은 테이블에 앉아, 같은 웨이트리스를 고집하고, 항상 같은 식사를 주문한다. 다른 사람들이 그가 애용하는 탁자에 앉아있으면 화가 난다. 변화를 싫어하는 이런 모습은 똑같이 나타나는 사람이 없지만 강박 증세가 매우 다양하고 사람에 따라 다르게 나타난다는 것을 알 수 있다.

그 밖에 구체적인 증상은 각 장에 자세히 기술하였다. 아나 마리아는 모든 걸 확인하는 강박과 모방심리로 인해 두려움을 갖고 있고, 페데리코는 욕과 외설스러운 말들은 통제할 수 없으며 릴리는 모든 말을 두 번씩 반복한다. 에밀리오는 숫자 강박과 저장 강박이 있다. 영화에서 보이는 것처럼 강박은 한 가지 이상의 증상이 같이 나타날 수 있고 일상의 삶에 심각한 불편을 초래한다.

불안과 강박은 DSM-5에서 구분되었다. 공황 장애, 사회불안장애, 선택적 함구증은 불안과 공포가 주된 증상인 불안 장애에 속하는데 강박장애는 불안을 완화하기 위한 강박행동이 반복적으로 나타나는 장애로 독립된 범주로 제시되었다. 따라서 둘 다 불안을 다루어 이해해야 한다. 영화에 묘사된 다양한 사람들의 불안과 강박의 모습을 이해하는 데 도움이 되리라 기대한다.

10장 불안한 심리에 대한 상담과 코칭적 접근들

　불안이 과도해서 자신을 압도하면 불안장애로 이어질 수 있는데 현대는 정신의학과 의사나 상담사를 어렵지 않게 만날 수 있을 만큼 많이 있고 관련 책도 많아서 누구나 쉽게 그에 대한 정보를 얻고 치료를 받을 수 있다. 코칭은 스스로 변화할 수 있는 의지와 여력이 있는 보다 건강한 사람들을 위한 것이고 심리적 문제의 예방과 회복 후 단계에서 변화와 지지를 위한 매우 효과적인 도구다. 코칭은 의학적 진단 너머의 영역이며 사람들의 실존적인 삶을 잘 세울 수 있게 돕는다. 심리적으로 건강하고 행복한 삶을 의미하는 '웰니스wellness'가 「불안 코칭」의 목표다. 개인의 변화를 위한 개입과 지지를 통해서 웰니스를 이루도록 효과적으로 도울 수 있다.

　누구나 자신이 어떤 도움이 필요한지 스스로 알 수 있다. 몰라서가 아니라 여러가지 다른 생각들 때문에 즉시 실행하지 않을 뿐이다. 그래도 혹시 자신이나 가까운 누군가의 상태를 직시하지 않고 외면하거나 미루는 사람이 있다면 영화라는 거울을 통해 자기의 모습을 비춰 보길 권하고 싶다. 힘들고 아픈 마음, 통제되지 않는 불안한 마음이 있다면 도움이 필요한 상태다. 불안장애 진단은 정신의학과 의사가 내릴 수 있다. 그러나 코칭은 병원을 가기 전 혹은 병원 치료로 회복되고 있을 때 건강하고 행복한 삶을 살 수 있도록 한 사람에게 집중하여 코칭적 개입으로 통찰을 얻어 변화를 이루도록 돕거나 심리적 지지로 힘을 얻을 수 있게 한다. 상담은 약물치료와 병행되기도 하고 치료부터 회복기에 이르기까지 필요하다. 코칭과 병행하는 것도 가능하고 상담을 하다가 코칭으로 넘어가는 것도 좋은 방법이다. 전문상담사와 전문코치를 겸하는 사람도 있는데 상호보완적으로 역량에 따라 나누어서 구조화하여 도울 수도 있다.

상담이나 코칭을 받던 고객이 대화 프로세스 중에 심리적 불안을 꺼내 놓는다면 어떻게 다룰 것인가? 우선 불안에 대한 이해가 있어야 어떻게 할지 생각하고 결정할 수 있다. 어떻게 그 고객을 도울 수 있는지 알아야 하기 때문에 기본적인 지식이 있어야 한다. 본인의 주변에서 본 직접적 경험이 없다면 책이나 영화를 통해 공부하는 간접 경험도 도움이 된다. 또 고객도 자신의 불안한 마음이 어느 정도이며 어떤 도움이 필요한지 스스로 판단할 수 있어야 한다. 병원을 가야 하는지, 상담을 받아야 하는지, 코칭을 받아야 하는지… 지금은 정보가 넘쳐나는 시대이기 때문에 마음만 먹으면 정보를 쉽게 접할 수 있다. 그래도 어떤 방법이든 고객 본인의 의지가 매우 중요하다는 점은 공통적이다.

영화를 활용한 상담과 코칭은 시네마 테라피cinema therapy (영화치료), 그리고 시네마 코칭cinema coaching이 있다. 영화치료와 시네마 코칭은 상호작용적 영화치료 접근법 3가지를 공통적으로 활용한다. 이 책에 각 장 뒷부분에 수록된 워크북 형태의 마음 코칭은 그 3가지 접근법을 적용하여 셀프 코칭을 할 수 있도록 했다. 1:1 코칭이나 그룹 코칭에서 활용한다면 제시된 질문들 외에 프로세스에서 나온 대화를 기반으로 더 풍부한 질문과 개입과 지지로 더욱 효과적인 코칭 세션을 실행할 수 있을 것이다. 여기서는 고객의 맥락이 없는 상태에서 되도록 넓은 질문을 수록했기 때문에 모든 질문이 모든 사람에게 꼭 맞지 않을 수도 있다. 그래도 3가지 접근법의 핵심적 내용은 누구나 쉽게 적용할 수 있을 것이다. 또 자기의 상황은 자기가 가장 잘 알기 때문에 스스로 자기에게 던지는 질문을 만들고 답을 적어 보는 것도 좋은 방법이다. 시네마코칭의 3가지 접근법에 대해 조금 더 설명해 보겠다.

첫번째는 감정과 생각을 다루는 정화적 접근법이다. 정화/카타르시스는 감정을 적절히 다룰 때 일어난다. 사람은 누구나 사회적 옷을 입고 자신의 감정을 적당히 억압한 상태로 살아가면서 정서적 긴장 상태에 머물러 있다. 사람들이 언제 감정을 표현하는지 생각해보면 아마 이해할 수 있을 것이다. 영화의 시각적, 청각적 요소들은 즉각적으로 감정을 자극하는 효과가 있어서 심리적 억압을 느슨하게 해 감정이 풀어지게 한다. 웃음이나 눈물을 흘림으로 얻을 수 있는 카타르시스가 그것이다. 그리고 영화의 내러티브나 인물들로 인해 감정과 생각이 촉진될 수 있다. 이는 영화의 스토리로 인해 즉각적으로 느끼는 감정과는 다르다. 영화의 내러티브를 따라가다 보면 엔딩크레딧이 올라간 후 자기의 감정을 깨달을 때도 있다. 보는 동안에는 주인공의 이야기를 따라가다가 끝나고 나서야 자기 생각 속에 떠오른 것을 깨닫기도 한다. 정화적 접근법은 그러한 감정과 생각을 표현할 수 있도록 개입하는 것이다.

감정은 매우 강력한 것이다. 자기 감정을 이해하고 표현하여 카타르시스를 느낀다면 이는 분명 변화의 큰 에너지로 연결된다. 그런데 생각과 감정은 연결고리가 있어서 생각을 바꾸면 감정도 바뀐다. 영화치료에서는 감정만을 다루지만 감정의 전환을 위해서 코칭에서는 생각을 바꾸는 것을 포함한다. 불안한 감정을 조절하는 게 쉽지 않지만 코칭 대화를 통해 생각을 정리하고 감정을 표현하여 정화함으로써 코치는 고객에게 공감하게 되고, 고객은 이해와 지지를 받음으로써 문제 해결과 변화를 향해 한 걸음 나아갈 수 있다.

두번째는 좋은 모델과 나쁜 모델을 찾아보고 자신을 비춰보아 변화를 촉진하는 지시적 접근법이다. 변화와 실행이라는 목표에 가장 잘 부합하고, 교육적이며 학습효과가 분명한 접근법으로 교육과 코칭에 매우 효과적으로 활용된다. 특히 한국은 오래전부터 교육에 큰 가치를 두는 역사와 문화를 가진 나라이기 때문에 무의식 중에 책이나 영화에서도 교훈을 얻으려는 경향이 있다. 배울 점이 없으면 가치 있게 여기지 않으며 또 나쁜 모델도 반면 교사로 활용한다. 즉, 저렇게 하면 안 된다는 교훈을 나쁜 모델에서도 얻는 것이다. 비슷하지만 이것이 모델링의 핵심은 아니다. 고객의 이슈와 비슷한 상황이나 문제를 다룬 영화

장면을 가지고 관찰을 통해 학습 효과를 촉진하는 것이 중요하다. 예를 들어 등장 인물의 문제 해결방법에 대해 대화를 하면 비슷한 상황에서 생각하지 못한 통찰을 얻을 수 있다. 또 나쁜 모델의 경우 조심스럽게 세션을 구조화하여 부정적으로 모델링하지 않도록 주의해야 하는데 이를 위해 영화와 고객에 대한 깊은 이해와 분석이 요구된다.

세번째는 영화 속 상징과 은유를 통해 무의식과 기억을 탐색하는 연상적 접근법이다. 정신분석에서 연상을 사용하여 더 깊은 수준의 무의식을 다루고 이해한다면, 영화치료와 시네마 코칭에서는 영화를 거울 삼아 고객의 눈에 들어온 상징과 은유가 떠올리는 것을 다루는 정도로도 충분하다. 대부분의 경우 영화는 고도의 상징과 은유를 가진 스토리텔링의 형태를 띠고 있으며, 영화의 서사와 같이 고객도 자기만의 서사가 있고 이를 스토리텔링으로 표현하면서 내면 깊은 곳에서 자기만의 상징과 은유를 사용하기 때문에 고객의 이야기를 통해 내면을 다루고 생각을 재구성할 수 있는 효과적인 접근법이다.

이 책에서 각 장 마음 코칭 1~3은 이렇게 3가지 접근법을 활용하여 불안한 심리를 다루기 위한 것이다. 심리적 에너지가 약해지고 불안이 압도하면 누구나 취약한 상태가 될 수 있다. 영화의 이야기는 다른 누군가의 이야기가 아니라 바로 나 자신의 이야기이다. 그러나 불안을 이해하는 것만큼이나 중요한 것은 불안에서 불안하지 않은 상태, 즉 평안한 상태로 나아가야 한다는 것이다. 불안 코칭의 궁극적 목표는 어둡고 무거운 불안에서 벗어나 밝고 환한 빛이 가득한 평안한 삶을 사는 것이다. 어둠은 싸우고 투쟁하는 것이 아니다. 빛이 있으면 어둠은 순식간에 사라진다. 마찬가지로 불안은 주먹질하고 싸워 이겨야 하는 것이 아니라 긍정의 에너지와 평안에 집중하여 생각을 바꾸어 저절로 사라지게 하는 것이다. 그러면 이제 우리는 무엇에 집중해야 할지 바로 알 수 있다. 최근 발전된 뇌 연구를 기반으로 한 불안, 공황 극복법에 대해 클라우스 베른하르트는 그의 책 「어느 날 갑자기 공황이 찾아왔다」에서 진정 공포에서 벗어날 수 있는 기술은 "뇌에 긍정적인 삶의 느낌을 저장하는 시냅스를 가능한 한 많이 그리고 가능한 한 빨리 구축하는 것"이라고 하였다. 희망과 긍정의 에너지는 변화를 가져온다. 그것도 매우 빠르게….

불안에 대한 수많은 책에서 예방과 극복을 위한 방법들을 제시하고 있는데 코칭 상황에서 다룰 때 효과적인 내용이 많다. 예를 들어 불안 장애 치료 초기에 많이 쓰는 방법으로 정신 교육psycho-education이 있는데 소크라테스식 질문법을 통해 인지왜곡을 다루는 것이다(오강섭. 2021). 질문으로 고객이 그렇게 생각하는 이유를 찾는 것은 코칭의 기본적인 기술이다. 코칭 질문은 고객의 관점을 넓히거나 전환시켜 문제를 다르게 바라보도록 작용한다. 코치의 질문은 고객이 보지 못하는 마음 속 어딘가를 건드리기 때문이다. 일상의 불안과 인지왜곡은 위에 소개한 3가지 접근법 모두를 사용하여 폭넓게 다룰 수 있다.

또 갈등과 스트레스를 방치하고 않고 내면의 불안을 평안으로 바꿀 것을 권한다. 병원보다 접근이 쉬운 상담과 코칭으로 미리 갈등을 해소하고 삶에서 스트레스를 몰아내야 한다. 이는 건강한 삶을 위한 필수적인 첫 걸음이고 상담과 코칭은 이를 돕는 서비스다. 언제나 계획적이고 언제나 성취지향적으로 목표를 이루는 것만 코칭하는 것이 아니라 평소 갈등과 스트레스를 어떻게 관리하느냐가 성취와 성공으로 이어지기 때문에 코칭 이슈에서 빠지지 않는다. 그리고 이것이 공황을 포함한 불안장애를 예방하는 길이다. 내 삶의 의미를 찾고 과도한 불안과 걱정을 잘 다스리면 된다. 어떻게 하면 단순하고 평온한 삶을 살면서 만족하고 행복할 수 있을까? 각자의 답을 찾아보길 바란다.

에필로그

코로나가 이렇게 장기화되리라고 예상을 못했기 때문에 누구나 불안과 우울에 취약해지는 것을 지켜보며 봄, 여름, 가을, 겨울을 지나고 또 봄, 여름, 가을이 지나고 있다. 보통 계절의 변화는 시간의 흐름을 잘 느끼게 하기 때문에 삶의 여러 측면을 돌아보고 마음을 다지며 미래를 준비하게 만드는데, 코로나 사태는 아예 시간과 생활을 박제해버린 느낌이다. 온라인 수업, 회의와 작업 등으로 늘 가상 공간에서 살다 보니 생각도 늘 가상 공간안에 머물러 있는 듯하고 감정도 무채색이 되어간다. 한동안 편하게 느껴지기도 했지만 대면의 세계와는 다른 긴장이 있음을 인지하면서 얼른 코로나 시국이 끝나기를 간절히 소망하고 있다.

불안을 다루어 보고자 여러 참고문헌들을 탐독하면서 너무나 좋은 설명과 사례와 방법이 담긴 좋은 책들이 많아서 다행이라는 생각과 함께 아쉬운 점은 희망을 느끼게 되는 책도 있지만 어떤 책은 자세한 설명에도 불구하고 처음부터 끝까지 불안에 집중하게 되는 경향이 있어서 머리와 마음이 같이 무거워지는 느낌이었다. 전작에서 우울증을, 이

번에 불안장애를 다룬 영화들을 고를 때 일반 사람들이 보고 싶어하지 않을 것 같다는 느낌도 있었다. 필자를 비롯해서 사람들은 어둡고 무거운 내용을 보고 싶지 않은 마음이 있다고 생각했기 때문이다. 그러나 영화를 분석하면서 오히려 불안에 대한 깊은 이해와 통찰을 얻고 긍정과 희망의 에너지를 얻을 수 있게 되었다. 영화는 우리 삶을 성찰하게 하는 라이프 코칭의 좋은 거울이다.

누구나 불안할 수 있고 누구나 공황발작을 겪을 수 있다. 이 책에 소개한 영화 속 인물을 통해 우리는 누군가를 이해하고 포용하고 지지해주는 한 사람이 될 수 있다. 영화는 우리 삶의 거울이고 우리 각 사람의 꿈이다. 심리적 불안과 정서적 허기가 만연한 현대 사회에서 우리 모두 서로에게 그 한 사람이 되어준다면 모두가 불안사회가 아닌 더 건강하고 따뜻한 세상에서 살 수 있다고 생각한다. 이 책「불안 코칭」이 그러한 희망의 거울이 되기를 바란다.

불안과 공황에 대한 책들이 알려주는 방법 중에 많은 부분이 코칭적 개입과 결이 같다는 것을 알 수 있었다. 이해와 돌봄에서 나아가 긍정과 행복으로 변화되어야 한다. 자기 몸에서 경고 신호를 보내기 전에 귀를 기울여 자신을 돌보자. 좋은 실천 방법을 알려주는 유익한 책들의 도움을 받자. 특히 클라우스 베른하르트의 책에서 긍정의 단어만 사용하여 10개의 문장 쓰기는 쉽고 누구나 실천할 수 있는 방법이며 분명한 효과가 있을 거라고 생각한다. 책과 영화와 같은 좋은 자료를 통해 자신의 삶에 의미를 찾아야 한다. 나의 삶에 책임이 있는 사람은 나 자신임을 잊지 말아야 한다. 이런 말이 무겁게 느껴진다면 코치나 상담사를 만나보기를 권한다.

 글을 쓰느라 오랜 시간 함께 했던 주인공들은 친구나 멘토 같이 느껴지기도 한다. 영화를 통해 지켜본 윌리엄, 준, 라이오넬, 정석, 블랑카, 하워드를 기억하며 이 책을 탈고한다. 나도 워크북에 있는 질문들에 스스로 답을 쓰며 다시 그들을 통해 나 자신을 만나볼 생각이다. 모두가 건강하고 행복한 삶을 살아가는 날까지 영화와 코칭은 계속된다.

Bibliography

영화

Buck, C., & Lee, J. (2013). Frozen [Film]. United States, Norway: Walt Disney Animation Studios, Walt Disney Pictures.

Hooper, T. (2010). The King's Speech [Film]. United Kingdom, United States: The Weinstein Company (presents), UK Film Council (presents), Momentum Pictures (in association with), Aegis Film Fund (in association with), Molinare Investment (in association with) (as Molinare, London), Film Nation Entertainment (in association with), See-Saw Films (as See Saw Films), Bedlam Productions (as Bedlam).

Ramis, H. (1999). Analyze this [Film]. United States, Australia: Village Roadshow Pictures, NPV Entertainment, Baltimore Pictures, Spring Creek Productions, Face Productions, Tribeca Productions.

Scorsese, M. (2004). The Aviator [Film]. United States, Germany: Forward Pass, Appian Way, IMF Internationale Medien und Film GmbH & Co. 3. Produktions KG (copyright owners), Initial Entertainment Group (IEG) (in association with), Warner Bros. (presented by), Miramax (presented by), Cappa Productions (uncredited), Mel's Cite du Cinema (sound stages).

Seong, S. (2014). Plan man [Film]. South Korea: 영화사 일취월장.

Tatsuyuki, N. (2015). Kokoro ga sakebitagatterunda. (The Anthem of the Heart) [Film]. Japan: A-1 Pictures, Aniplex, Dentsu, Fuji Television Network, Lawson HMV Entertainment (LHE), Shogakukan.

Van Sant, G. (2001). Finding Forrester [Film]. United States: Columbia Pictures, Finding Forrester Productions, Fountainbridge Films, Laurence

Mark Productions.

Villanueva, V. (2017). Toc Toc [Film]. Spain: Atresmedia Cine, Atresmedia (with the collaboration of), Cosmopolitan TV (with the collaboration of), Lazonafilms, Movistar+ (with the collaboration of), Wind Films.

참고도서

권석만(2003), 현대이상심리학

김청송 (2015), 사례 중심의 이상심리학

메리 뱅크스 그레거슨(2010), 영화, 심리학과 라이프코칭의 거울, 앤디황 • 이신애 역

아치볼드 하트(2013), 불안치료, 오태균 역

에드먼드 J. 본(2010), 불안 • 공황장애와 공포증 상담 워크북, 김동일 역

에바 헬러, (2000), 색의 유혹1,2 이영희 역

엘리자베스 루카스 & 라인하르트 부르첼(2020), 불안과 생활 속 거리두기, 황미하 역

오강섭(2021), 불안한 마음 괜찮은 걸까?

유상우 (2015) 불안에 대한 거의 모든 것

클라우스 베른하르트(2016), 어느 날 갑자기 공황이 찾아왔다, 이미옥 역

하인츠 부데(2015), 불안의 사회학, 이미옥 역

인터넷 자료

https://www.designlog.org/2512445 [디자인로그(DESIGN LOG)]

영화로 읽는 불안과 시네마 코칭
불안코칭

·**초판 1쇄 발행** 2022년 2월 26일

·**지은이** 이성미 앤디황
·**펴낸이** 민상기
·**편집장** 이숙희
·**펴낸곳** 도서출판 드림북
·**인쇄소** 예림인쇄 **제책** 예림바운딩
·**총판** 하늘유통(031-947-7777)

·**등록번호** 제 65 호 **등록일자** 2002. 11. 25.
·경기도 양주시 광적면 부흥로 847, 양주테크노시티 422호
·Tel (031)829-7722, Fax(031)829-7723